火电厂汽轮机经济运行与节能技术

吴志祥 ◎ 著

北京工业大学出版社

图书在版编目（CIP）数据

火电厂汽轮机经济运行与节能技术 / 吴志祥著.

北京：北京工业大学出版社, 2025.1. -- ISBN 978-7-5639-8034-5

Ⅰ. TM621.4

中国国家版本馆 CIP 数据核字第 20252D3M68 号

火电厂汽轮机经济运行与节能技术

HUODIANCHANG QILUNJI JINGJI YUNXING YU JIENENG JISHU

著　　者：	吴志祥
责任编辑：	曹　媛
封面设计：	徐晓薇
出版发行：	北京工业大学出版社　http://press.bjut.edu.cn
	（北京市朝阳区平乐园100号　邮编：100124）
	010-67391722　bgdcbs@bjut.edu.cn
经销单位：	全国各地新华书店
承印单位：	北京四海锦诚印刷技术有限公司
开　　本：	710毫米×1000毫米　1/16
印　　张：	12.75
字　　数：	218千字
版　　次：	2025年1月第1版
印　　次：	2025年1月第1次印刷
书　　号：	ISBN 978-7-5639-8034-5
定　　价：	68.00元

版权所有　翻印必究

（如发现印刷质量问题，请寄本社发行部调换010-67391106）

前　言

随着全球能源需求的不断增长和环境保护要求的日益提高，火力发电作为能源供应的主力军，面临着严峻的节能减排和高效运行的挑战。汽轮机作为核心设备，其运行状态直接影响着火电厂的整体经济效益和能源利用效率。

火电厂是全球电力能源的主要来源之一，尤其是在中国这样的能源消耗大国，火电厂承担了大部分的电力供应任务。然而，火力发电本质上是一种高能耗的发电方式，燃煤、燃油等传统能源的大量消耗不仅导致能源资源的过度开采，还对环境产生严重的污染。随着国家对能源结构的优化调整和环保标准的提升，火电厂的节能降耗成为不可回避的课题。

汽轮机是火电厂的关键设备，其运行效率直接影响火电厂的经济性和环保性能。但传统汽轮机在运行过程中往往存在能源浪费和能效不高等问题。为此国内外学者和工程技术人员都致力于研究如何通过优化汽轮机的运行方式、提升节能技术来实现火电厂的高效运营。

本书的主要目的是系统分析火电厂汽轮机的工作原理、运行系统及经济运行优化方法，并深入探讨汽轮机节能技术方面的创新与应用。本书通过对汽轮机运行模式、供热系统、冷端系统等的详细研究，提出提高汽轮机经济效益和节能效率的技术措施。还对汽轮机智能化控制技术及相关节能设备的应用进行探讨，展示前沿的技术发展动态。

火电厂汽轮机经济运行与节能技术不仅能够有效提高能源利用率，降低运行成本，还可以大幅减少温室气体和其他污染物的排放，符合当前节能环保的大趋势。本书通过对汽轮机各个运行系统的优化，为工程技术人员提供技术指导和实践经验，从而提升火电厂的整体运营效率；同时，研究智能化控制系统和节能设备的应用，也为未来火电厂的技术革新提供了可行性方案。

总体而言，本书不仅对火电厂的运营管理具有指导意义，还为学术研究和工程应用提供参考资料，希望通过本书的阐述，能为火力发电行业的绿色发展贡献力量。

目 录

第一章　绪论 ... 1
第一节　火力发电与火力发电厂 ... 1
第二节　汽轮机简述 ... 9
第三节　火电厂汽轮机经济运行与节能管理的重要性 ... 21

第二章　汽轮机的工作原理与运行系统 ... 29
第一节　汽轮机的本体结构与工作原理 ... 29
第二节　凝结水系统与循环水系统 ... 37
第三节　回热加热系统与发电机冷却系统 ... 50
第四节　真空系统与润滑油系统 ... 58

第三章　汽轮机的运行状态与运行维护 ... 66
第一节　汽轮机的启动状态分析 ... 66
第二节　汽轮机的停机状态分析 ... 76
第三节　汽轮机的运行维护管理 ... 87

第四章　汽轮机系统的经济运行优化 ... 95
第一节　汽轮机运行模式对经济性的影响 ... 95
第二节　给水泵与循环泵系统的经济运行 ... 102
第三节　回热加热系统加热器的经济运行 ... 111
第四节　真空系统凝汽设备的经济运行 ... 117

第五章　汽轮机的节能技术与节能设备 ... 126
第一节　汽轮机本体的节能改造 ... 126

第二节 汽轮机供热系统节能技术 131

第三节 汽轮机冷端系统节能技术 144

第四节 汽轮机节能设备的应用 152

第六章 汽轮机智能化节能技术的创新应用 164

第一节 汽轮机数字电液控制系统设计 164

第二节 汽轮机智能化电液调节系统状态检修 173

第三节 汽轮机新型叶片的开发与应用 182

结 语 193

参 考 文 献 196

第一章 绪论

第一节 火力发电与火力发电厂

一、火力发电的基本原理与流程

火力发电作为现代电力生产的重要方式，在全球范围内被广泛应用。其核心在于通过燃烧化石燃料，如煤、石油、天然气等，将化学能最终转化为电能。理解火力发电的基本原理和流程对于提升汽轮机的经济运行效率和节能效果的研究至关重要。

（一）火力发电的基本原理

火力发电的基本原理是将化学能转化为热能，再由热能转化为机械能，通过发电机将机械能转化为电能。在整个过程中，燃烧燃料所释放的热量被用于加热锅炉中的水，使水变为高温高压的蒸汽。蒸汽驱动汽轮机做功，将热能转化为机械能。汽轮机通过与发电机相连，带动发电机转动，发电机将机械能转换为电能输出。

锅炉是火力发电流程的起点，其主要功能是将水加热至汽化。锅炉中燃料燃烧产生的热量通过传热表面传递给水，使水逐渐转化为蒸汽。在这个过程中，燃烧控制、热效率提升以及传热效率的优化都至关重要。锅炉的性能直接影响整个火力发电系统的效率，在实际运行中，需重点关注燃料的燃烧状况、锅炉的清洁度以及传热表面的完好性。

（二）火力发电的流程与能源利用效率

火力发电的流程大致可分为燃料燃烧、蒸汽产生、汽轮机做功、发电和蒸汽冷凝等几个主要环节。在实际运行中，各个环节的衔接与配合非常重要。为了提高火力发电的能源利用效率，需从系统整体的角度考虑每个环节的能量损失。

燃料的燃烧效率是提高系统整体效率的基础，现代火力发电通常通过精确控制燃料与空气的比例来提高燃烧效率，减少未完全燃烧带来的能量浪费。锅炉的传热效率和蒸汽的管道损失影响蒸汽的产生与传输效率，在蒸汽传输过程中，管道的保温性能以及蒸汽泄漏的防控措施都会对蒸汽的质量产生影响。

汽轮机的效率是另一个决定系统整体效能的关键因素，现代火力发电多采用多级汽轮机系统，通过分阶段降低蒸汽压力和温度，最大限度地利用蒸汽的能量。汽轮机的维护与检修也对其运行效率起到重要作用，通过定期检修、优化运行参数，可以有效延长汽轮机的使用寿命，并提高发电效率。

发电后的蒸汽冷凝回收也是能量利用的一个重要环节，冷凝器的冷却效果决定了蒸汽回收的效率，冷却水的流速、温度以及冷凝器的清洁度都影响着冷凝效果。为了确保冷凝器的高效运行，通常采用循环冷却水系统，并定期清洁冷凝器管道，防止水垢等杂质影响传热效率。

火力发电通过复杂的能量转换过程，将燃料中的化学能转化为电能。在这一过程中，燃料的燃烧、蒸汽的产生与传输、汽轮机的做功、发电机的电能转换以及冷凝器的蒸汽冷凝，每一个环节都与系统的能源利用效率密切相关。通过优化各个环节的效率，火力发电厂可以在保证电力供应的同时，最大限度地节约能源，降低生产成本。提高火力发电厂的经济运行效率，不仅仅依赖于设备的先进性，更需要通过科学的管理与操作优化来减少能量损失，提升整体效能。

二、火力发电厂的主要构成部分

火力发电厂是通过燃烧化石燃料，将化学能最终转化为电能的复杂系统。为了完成这一能量转换过程，火力发电厂由多个关键部分组成（图1-1），这些部分协同工作，共同实现发电目标。每个部分在发电过程中都起着至关重要的作用，并且各部分的运行效率直接影响到整个电厂的经济性和能源利用水平。

火力发电厂的主要构成部分包括锅炉系统、汽轮机系统、发电机系统、冷凝器与循环水系统以及一系列辅助设备与控制系统，这些设备在发电过程中紧密配合，共同完成能量转换和电力输出的任务。锅炉负责燃料的燃烧和蒸汽的产生；汽轮机将蒸汽的热能转化为机械能；发电机将机械能转化为电能；冷凝器与循环水系统则通过有效的热交换，确保系统的能量回收和效率提升；辅助设备与控制系统为整个发电过程提供必要的支持和保障，使火力发电厂能够实现高效、安全、环保的经济运行。

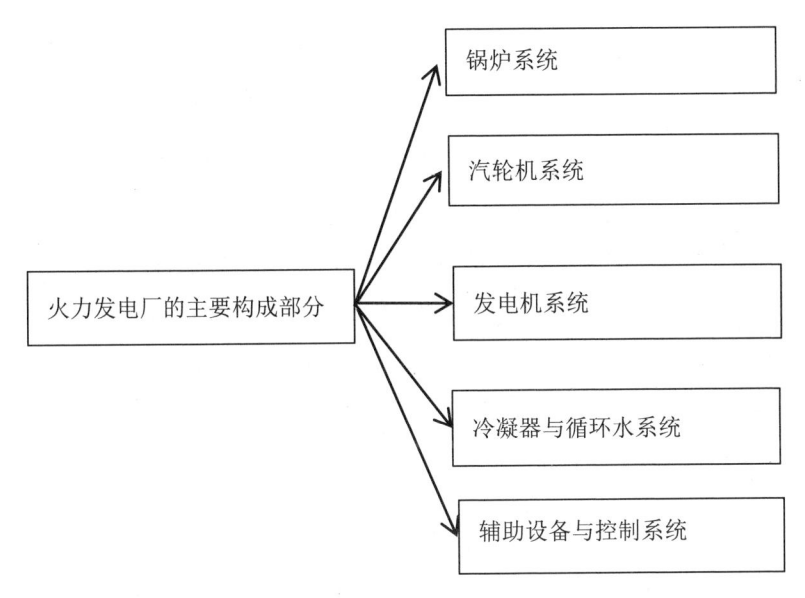

图1-1　火力发电厂的主要构成部分

（一）锅炉系统

锅炉是火力发电厂的核心设备之一，其主要功能是将燃料燃烧产生的热量传递给水，使水转化为高温高压的蒸汽。锅炉系统的效率直接关系到整个发电厂的经济性。锅炉的设计和运行必须充分考虑燃料的特性、燃烧的效率以及传热的性能，以确保热能能够高效地传递给水。

现代火电采用煤粉炉、流化床锅炉等多种类型的锅炉系统，其中煤粉炉是最为常见的一种。煤粉炉将煤磨制成煤粉并吹入燃烧室内，煤粉在燃烧过程中释放出大量热量，加热锅炉中的水。为了确保锅炉系统的高效运行，燃烧室的温度控制和空气与燃料的比例调节非常重要，这些参数直接影响燃烧效率和锅炉的热效率。

锅炉的内部由水冷壁、过热器、再热器等多个部分组成（表1-1），水冷壁的主要作用是吸收燃烧产生的热量，将其传递给水；过热器则用于提高蒸汽的温度，使其达到超临界状态，从而提高蒸汽的做功能力；再热器负责对已经做过一次功的蒸汽进行再加热，使其重新进入汽轮机进一步做功。通过合理优化这些部件的设计和运行，能够有效提升锅炉系统的整体效率。

表1-1 锅炉系统的构成与功能

构成	功能
燃烧室	燃料燃烧，产生高温烟气
水冷壁	吸收燃烧热量，将水转化为蒸汽
过热器	加热蒸汽，使其达到超临界状态
再热器	对蒸汽进行二次加热，提高能量利用率
空气预热器	回收烟气余热，加热进入燃烧室的空气
省煤器	回收烟气余热，加热进入锅炉的给水

（二）汽轮机系统

汽轮机是火力发电厂的核心设备之一，负责将锅炉产生的高温高压蒸汽的热能转化为机械能。汽轮机的工作原理是通过蒸汽推动叶轮旋转，将热能转换为旋转机械能，带动发电机工作。汽轮机的效率和可靠性直接影响到发电效率和电厂的经济性。

汽轮机系统通常分为高压、中压和低压三个部分（表1-2），高温高压蒸汽进入高压汽轮机做功，经过降压降温后进入中压汽轮机，再进入低压汽轮机。每一级汽轮机负责利用不同状态的蒸汽，使能量得到最大化利用。高效的汽轮机设计和运行能够最大限度地减少蒸汽的能量损失，确保发电过程的经济性。

汽轮机的转子在高温高压蒸汽的推动下高速旋转，转子连接着发电机，推动发电机运转，实现机械能向电能的转换。汽轮机系统中的叶片是关键部件之一，它们与蒸汽的接触面积和角度直接影响蒸汽做功的效率。现代汽轮机技术已经能够精确设计叶片的形状和排列，以提高蒸汽的利用率。汽轮机的轴承、密封装置等部件同样需要保持良好的工作状态，以减少摩擦损耗和泄漏损失。

汽轮机的维护和检修也是保证其长期高效运行的关键，定期的检修和润滑保养可以有效延长汽轮机的使用寿命，减少运行中的故障率。通过科学的管理和维护，汽轮机系统可以保持在最佳工作状态，确保发电厂的经济性和稳定运行。

表1-2 汽轮机系统的构成与功能

构成	功能
高压汽轮机	利用高温高压蒸汽做功,将热能转化为机械能
中压汽轮机	利用中压蒸汽做功,进一步转换能量
低压汽轮机	利用低压蒸汽做功,最大化蒸汽能量利用
转子	将机械能传递给发电机,驱动其转动
叶片	与蒸汽接触,推动转子旋转,完成能量转换
轴承	支撑和固定转子,减少旋转摩擦
密封装置	防止蒸汽泄漏,提高汽轮机效率

(三)发电机系统

发电机系统是将汽轮机的机械能转化为电能的设备,它是整个发电流程的最终环节。发电机通过电磁感应原理工作,当汽轮机带动发电机转子旋转时,转子产生的磁场在定子绕组中感应出电流,从而产生电能;发电机的设计和运行直接关系到电力输出的质量和稳定性。

发电机的效率取决于其内部的结构设计和运行状态,发电机内部的定子绕组和转子设计必须保证足够的磁场强度和导电性能,以减少电能传递过程中的损耗。发电机的冷却系统也是确保其高效运行的关键,由于发电机在工作过程中会产生大量的热量,必须通过强制通风或水冷等方式对发电机进行冷却,防止过热导致的效率下降或设备损坏。

发电机的稳定运行需要保持转子的平衡性和定子的完整性,因此发电机系统的监控和维护至关重要。通过对转子和定子的定期检测,以及对冷却系统的持续维护,可以有效减少发电机运行中的故障,提高发电效率。

(四)冷凝器与循环水系统

冷凝器是火力发电厂的重要辅助设备之一,主要负责将汽轮机做完功后的蒸汽冷却成水。冷凝器的作用不仅是回收蒸汽中的水分,还通过降低蒸汽的压力,维持汽轮机的真空环境,提高蒸汽的做功能力,冷凝器的性能直接影响到发电厂的整体能效。

冷凝器一般采用水冷方式，通过循环水系统将冷却水引入冷凝器内，与蒸汽进行热交换。蒸汽在冷凝器内被冷却成水后，再通过给水泵送回锅炉重新加热，形成一个封闭的循环系统。冷凝器的冷却效果取决于冷却水的流量和温度。因此，保持冷凝器的清洁和冷却水的流速至关重要。

循环水系统是冷凝器的重要组成部分，负责将冷凝器中的热量带走。循环水系统通常包括冷却塔、循环水泵等设备，冷却塔通过自然风或强制风对水进行冷却，使其能够持续循环使用。为了保证冷凝器的高效运行，循环水系统的流量控制和设备维护同样不容忽视。

（五）辅助设备与控制系统

除了锅炉、汽轮机、发电机和冷凝器外，火力发电厂还包含一系列辅助设备和控制系统，这些设备确保发电过程的顺利进行。

常见的辅助设备包括给水泵、引风机、送风机、脱硫装置、除尘器等。给水泵负责将冷凝器内的水送回锅炉，保持水循环系统的正常运行；引风机和送风机用于调节锅炉燃烧室的空气流通，保证燃料充分燃烧；脱硫装置和除尘器则负责处理燃烧废气中的有害物质，减少环境污染。

控制系统是发电厂自动化运行的核心部分，它通过监测和调节各设备的运行状态，确保整个发电过程的高效、安全和稳定。现代火力发电厂广泛采用分布式控制系统，该系统能够实时采集设备数据，进行智能化调控，提高发电效率的同时减少人工干预，降低操作风险。

三、火力发电在全球能源结构中的地位

火力发电作为一种传统的能源利用方式，至今在全球范围内仍然占据着主导地位。通过燃烧化石燃料（如煤炭、天然气和石油）火力发电为全球提供了大量稳定的电力供应。火力发电与能源资源的消耗以及环境影响密切相关，在全球能源结构中有着独特的位置。理解火力发电在当前全球能源格局中的角色，既有助于优化其经济运行，也有助于推动技术进步，实现节能减排的目标。

（一）火力发电在全球能源结构中的占比

火力发电是全球电力供应的主要来源，尤其是在许多发展中国家和能源资源

丰富的地区，火力发电占据了能源结构的很大比例。根据全球能源统计数据，火力发电（特别是煤电）长期以来保持着世界电力总生产量中的最大份额。在能源转型和可再生能源发展相对滞后的地区，火力发电仍然是不可替代的电力供应方式。

以煤炭为主要燃料的火电厂在一些国家和地区仍然承担着大量的发电任务，煤炭储量相对丰富且价格较低，使得煤电在许多发展中经济体中具有较强的成本优势。即便如此，由于煤炭燃烧过程中会产生大量二氧化碳及其他污染物，许多国家逐渐将更多的精力投入天然气和其他燃料的使用上，以减少对环境的影响。

天然气火力发电由于其相对较低的碳排放和较高的能源利用效率，近年来在全球能源结构中的比重逐步上升。天然气火电机组不仅具有较高的发电效率，而且启动灵活，能够迅速响应电网负荷的波动需求，因此逐渐成为火电的重要组成部分。

（二）火力发电的地区分布特点

火力发电的分布并不均匀，各国和地区根据自身资源禀赋和经济发展状况，形成不同的能源结构。资源丰富的国家通常依赖于当地的矿产资源，通过火力发电满足电力需求。相较于其他发电形式，火力发电受自然资源条件的影响较小，因此在全球范围内具有较强的适应性。

中国作为全球最大的煤炭消费国，火力发电一直是电力供应的支柱性产业。尽管近年来中国逐渐加大了对可再生能源的投入，但煤电仍然在电力生产中占据着重要地位。印度的情况与中国类似，依赖煤炭的发电结构使其成为全球第二大煤炭消费国；美国在过去几年逐步减少了煤电的使用，转而更多依赖天然气和可再生能源。欧洲一些发达国家正在逐步减少煤电的比重。德国、法国和英国等国通过能源政策的调整，推动天然气和可再生能源的快速发展，减少了对煤电的依赖。俄罗斯和中东国家依赖于丰富的天然气资源，天然气火电在其能源结构中占有重要位置，这些国家的天然气发电机组效率较高，能够在保证电力供应的同时减少污染物排放。

（三）火力发电对全球能源安全的贡献

火力发电在全球能源安全中起着重要的支撑作用，由于其较为稳定的能源供应能力和相对成熟的技术体系，火力发电能够应对电力需求的峰值，提供可靠的电力输出。相比可再生能源发电的间歇性和不稳定性，火力发电具备连续、稳定供电的优势。火力发电在全球电网中往往扮演着"基荷电源"的角色，能够在电网负荷低时保持基本供电，在负荷高时调节发电量以满足需求。

在一些缺乏其他发电资源的地区，火力发电是唯一可依赖的电力供应方式。特别是在一些发展中国家，由于经济发展水平较低、技术基础薄弱，火力发电为其提供稳定的能源保障。即使在能源结构逐步多元化的今天，火力发电依然在全球能源供应链中占据着关键位置。

（四）火力发电对环境的影响

尽管火力发电为全球提供了大量电力，但其环境影响也是显而易见的。燃煤发电过程中产生的二氧化碳、硫化物、氮氧化物等污染物，严重威胁着全球气候和空气质量。火电厂在燃料开采、运输和储存过程中也会产生大量的环境负担。特别是在以煤电为主的国家和地区，燃煤电厂的碳排放量居高不下，成为全球应对气候变化的重要挑战。

天然气火电虽然相对于煤电而言碳排放较低，但仍然会对环境产生一定的影响。尤其是在开采和运输过程中，天然气的泄漏和燃烧过程中的废气排放同样会对环境带来负面效应。

（五）火力发电与能源多样化的关系

随着全球对可再生能源需求的增加，火力发电在许多国家逐渐与其他发电方式形成互补关系。可再生能源，如风能、太阳能等，由于其受自然条件的限制，输出波动较大，无法单独稳定供电。火力发电尤其是天然气火电，具备快速启动和灵活调节的特点，能够有效弥补可再生能源的不足，确保电网的稳定性。

一些国家已经开始探索火电与其他清洁能源的联合发电模式，通过构建综合能源系统，提升整体能源利用效率。火力发电与可再生能源的协同发展，不仅提高了能源结构的多样性，也有助于优化能源管理，减少能源供应的风险。

火力发电在全球能源结构中占据着重要地位，特别是在许多发展中国家，火电仍然是主要的电力来源。通过煤炭、天然气等化石燃料的燃烧，火力发电为全球提供了稳定且可靠的电力供应。其对环境的影响也日益受到关注，各国正在通过技术改进和能源政策调整，优化火力发电的经济性和环保性能。火力发电的地区分布特点及在全球能源安全中的贡献，使得它在现阶段依然不可或缺。随着全球能源结构向多样化和清洁化转型，火力发电与可再生能源的结合正在成为新的趋势。如何在减少环境负担的前提下保持火力发电的稳定性和经济性，仍然是未来能源管理中亟待解决的现实问题。

第二节　汽轮机简述

一、汽轮机在火力发电中的作用

汽轮机作为火力发电厂的核心设备之一，承担着将燃料燃烧产生的热能转化为机械能的关键任务。它不仅决定了电厂的发电效率，还直接影响电厂的经济性和运行稳定性。汽轮机的高效运行可以最大限度地利用蒸汽的热能，减少能量损失，从而提高电能的生产效率。在火力发电的整个过程中，汽轮机的作用不可替代，理解其工作原理和作用对于优化火电厂的经济运行至关重要。

（一）能量转换的核心设备

在火力发电系统中，锅炉通过燃烧化石燃料产生高温高压蒸汽，汽轮机则是将蒸汽的热能转化为机械能的主要设备。

汽轮机的设计和运行对能量转换的效率起到决定性作用，通过多级汽轮机的分段做功，能够逐步将高压蒸汽的能量释放，使能量得到充分利用。蒸汽在每一段的能量释放后，压力和温度逐渐降低，逐级降低的过程最大化了蒸汽的能量输出。高效的能量转换不仅提高了电厂的发电量，还降低了燃料消耗，有助于节约运行成本。

汽轮机的高效运行依赖于其内部结构和材料的选择，叶片的设计必须能够承受高速旋转和高温蒸汽的侵蚀，保证长时间稳定工作而不发生故障。通过对汽轮机叶片的优化设计，可以提高蒸汽的做功效率，减少机械损耗，从而进一步提升整体系统的经济性。

（二）稳定电网供电的保障

在火力发电厂中，汽轮机不仅是能量转换的重要设备，还起到维持电网稳定供电的关键作用。火力发电厂通常作为"基荷电源"，需要持续不断地向电网输送电力，汽轮机的稳定性直接影响着电厂的发电能力和电网的供电稳定性。

由于火力发电厂需要长时间运行，汽轮机必须具备良好的耐久性和稳定性。在运行过程中，汽轮机通过高效的热能转化，确保电厂能够稳定地向电网输送足够的电力。即使在电网负荷波动的情况下，汽轮机也能够根据负荷需求进行灵活调整，保障供电的平稳性。相比于其他发电方式，火力发电中的汽轮机能够更好地适应电网的负荷变化，保证发电过程的连续性和可靠性。

汽轮机的调节能力不仅体现在发电量的灵活调度上，还表现在其与发电机的配合中。通过调节蒸汽的流量和汽轮机的转速，电厂可以根据电网的实际需求快速调整输出功率，满足电网的负荷要求。高效的调节能力使得汽轮机成为电网稳定供电的关键设备。

（三）提高发电厂效率的核心因素

发电厂的整体效率很大程度上取决于汽轮机的运行状态，蒸汽在汽轮机中释放能量的过程中，能量的损耗不可避免，减少这一损耗是提高发电效率的关键。为最大化汽轮机的效率，发电厂必须从多个方面入手进行优化，包括蒸汽的流量控制、汽轮机内部的结构设计以及相关辅助系统的优化等。

蒸汽的流量和温度是影响汽轮机效率的两个关键因素，发电厂通过合理设计汽轮机的蒸汽通道，优化蒸汽流经每一级叶片的速度和角度，减少蒸汽流动中的能量损失，提升做功效率。合理控制蒸汽的温度，使其始终保持在最佳的工作区间，可以进一步提高汽轮机的整体效率。

除了蒸汽参数的优化，汽轮机的维护和保养也是提高效率的重要手段。发电厂通过定期检查和维修，及时发现并处理汽轮机的潜在问题，防止设备故障导致的能量损失。特别是对叶片、转子等关键部件的维护，能够延长设备的使用寿命，保持汽轮机的高效运行状态。

（四）降低燃料消耗与环保压力的关键

在火力发电厂中，汽轮机的效率直接关系到燃料的消耗量。提高汽轮机的能量转换效率，能够显著减少燃料的消耗量，从而降低火电厂的运营成本。减少燃料消耗也意味着减少了燃烧过程中产生的废气排放，有助于缓解火电厂对环境的影响。

特别是在煤电厂中，燃煤过程中产生的二氧化碳、硫化物等污染物是全球温室气体排放的重要来源。通过提高汽轮机的运行效率，火力发电厂可以在同样的发电量下减少煤炭的消耗，进而减少污染物的排放。汽轮机的高效运行不仅有助于经济效益的提升，也对环保压力的缓解起到了积极作用。

现代火电厂逐渐引入了多种节能技术，如联合循环发电、蒸汽再热技术等，这些技术在提高汽轮机效率的同时，还能进一步降低燃料消耗和污染物排放。联合循环发电通过将燃气轮机和蒸汽轮机组合使用，进一步提高能源的利用效率；而蒸汽再热技术则通过对已做功的蒸汽进行二次加热，进一步提升其做功能力，从而减少燃料的消耗量。

（五）优化火电厂经济性的基础

汽轮机的高效运行不仅是电厂技术水平的体现，更是火电厂经济性的基础。通过优化汽轮机的运行状态，火电厂能够以较低的成本生产更多的电力，实现更高的经济效益。特别是在电力市场竞争激烈的今天，火电厂的经济性已经成为决定其竞争力的重要因素。

通过降低燃料消耗和提高发电效率，汽轮机的高效运行可以显著降低电厂的生产成本；火电厂还可以通过降低维护成本和提高设备利用率，进一步提升整体的经济性；汽轮机的稳定运行不仅能够延长设备的使用寿命，还可以减少火电厂的停机检修时间，从而提高电力的生产效率。汽轮机的调节能力使得火电厂能够灵活应对市场需求的波动，在电力需求增加时，汽轮机可以迅速提高输出功率，满足市场需求；而在需求减少时，汽轮机也可以通过减少蒸汽输入来降低发电量，从而避免电力的过剩生产，提升电厂的经济效益。

汽轮机在火电厂中扮演着核心角色，不仅是能量转换的关键设备，还承担着维持电网供电稳定和提高发电效率的重要任务。通过高效的能量转化，汽轮机能够减少燃料消耗，降低发电成本，同时减少环境污染。汽轮机的高效运行对于优化火电厂的经济性和环保性具有深远的意义。

二、汽轮机的分类及其特点

汽轮机作为火力发电的重要设备，根据不同的使用场景、蒸汽参数和技术要求，分类方式较多（表1-3）。每种类型的汽轮机在运行特性和应用领域上都有其独特的优势和局限性。对汽轮机的合理分类和深入理解，有助于在不同的发电需求中选择合适的设备，确保发电效率最大化，同时优化节能效果。

表1-3 汽轮机的分类及其特点

分类依据	分类类型	特点
蒸汽参数	高压汽轮机、中压汽轮机、低压汽轮机	根据蒸汽压力和温度进行分类，适应不同蒸汽条件的做功需求
蒸汽流动方向	轴流式汽轮机、径流式汽轮机	由蒸汽流动方向决定，轴流式适用于大中型电厂，径流式适用于小型电站
工作方式	凝汽式汽轮机、背压式汽轮机	通过不同的工作原理进行发电和余热利用，凝汽式适合长时间发电，背压式用于热电联产
设计结构	单轴汽轮机、多轴汽轮机	根据转轴设计进行分类，单轴结构紧凑，多轴调节灵活，适应负荷变化

（一）根据蒸汽参数分类

汽轮机可以根据所使用的蒸汽参数进行分类，主要包括高压汽轮机、中压汽轮机和低压汽轮机。每种汽轮机在不同的蒸汽条件下工作，决定了其适用的工况和运行特点。

1. 高压汽轮机

高压汽轮机主要用于处理从锅炉出来的高温高压蒸汽，通常蒸汽压力在 100 MPa～240 MPa。它的特点是蒸汽温度高，做功能力强，能将蒸汽的高能量转化为大量的机械能。在火力发电厂中，高压汽轮机通常作为第一阶段的汽轮机，蒸汽在经过高压汽轮机时，能量得到了大部分释放。高压汽轮机的设计要求承受极高的温度和压力，因此其叶片和转子的材料通常选择高耐热、耐腐蚀的合金，以确保其在严苛环境下长时间稳定工作。

2. 中压汽轮机

蒸汽经过高压汽轮机后，压力和温度有所降低，蒸汽进入中压汽轮机进行进一步的做功。中压汽轮机的工作压力通常在 10 MPa ~ 100 MPa，蒸汽的温度也相对降低。这类汽轮机的主要作用是充分利用高压汽轮机未完全释放的蒸汽能量，进一步将热能转化为机械能。中压汽轮机在多级汽轮机系统中起着承上启下的作用，能够确保蒸汽能量的逐步释放，最大化利用蒸汽的做功能力。

3. 低压汽轮机

低压汽轮机是整个汽轮机系统的最后一级，主要处理经过中压汽轮机后已降低到较低温度和压力的蒸汽。低压汽轮机的工作压力通常在 10 MPa 以下，蒸汽在低压状态下继续释放残余的热能，推动叶轮旋转。虽然蒸汽在低压阶段的能量已大幅减少，但通过合理设计，低压汽轮机依然能够有效利用这部分剩余能量，使整个系统的能量利用率达到最大。低压汽轮机通常结构较大，叶片较长，以便最大限度利用低能量蒸汽。

（二）根据蒸汽流动方向分类

根据蒸汽在汽轮机中的流动方向，将汽轮机分为轴流式汽轮机和径流式汽轮机。这两类汽轮机在工作原理和结构设计上存在差异，适用于不同的工况条件。

1. 轴流式汽轮机

轴流式汽轮机是火力发电厂中最常见的一种类型，蒸汽在这种汽轮机中沿着与转轴平行的方向流动，经过叶片时推动叶轮旋转，产生机械能。轴流式汽轮机具有结构紧凑、效率高、适应性强的特点，广泛应用于大中型发电厂中。由于蒸汽的流动方向与轴向一致，轴流式汽轮机的设计能够最大限度上减少蒸汽流动的阻力，提高蒸汽的做功效率。轴流式汽轮机的多级设计可以实现蒸汽能量的逐级释放，使其能够适应高压、中压和低压蒸汽的不同做功需求。

2. 径流式汽轮机

径流式汽轮机的蒸汽流动方向与转轴垂直，蒸汽从径向进入叶轮，并在通过叶片后沿径向排出。汽轮机的特点是结构相对简单，适用于较低功率的发电机组。由于蒸汽的流动方向与轴线垂直，径流式汽轮机在较低负荷下具有较高的工作效率，通常用于小型电站或工业辅助发电系统中。尽管径流式汽轮机的使用范围不如轴流式广泛，但在特定的工况下，它的高效性和可靠性仍然使其成为某些小型发电厂的理想选择。

（三）根据工作方式分类

汽轮机还可以根据其工作方式分为凝汽式汽轮机和背压式汽轮机，这两种汽轮机的工作原理不同，应用场景和经济效益也各有特点。

1. 凝汽式汽轮机

凝汽式汽轮机是火力发电厂中最常见的汽轮机类型，它的工作原理是将做完功的蒸汽排入冷凝器中，蒸汽在冷凝器内冷却为水后重新进入锅炉循环使用。凝汽式汽轮机具有高效的能量转换能力，能够最大限度地利用蒸汽的热能，因此广泛应用于需要长时间连续运行的大型火力发电厂中。冷凝器的存在不仅提高了汽轮机的效率，还使得整个发电过程中的蒸汽回收更加高效，减少了能量损失。

2. 背压式汽轮机

背压式汽轮机的工作原理与凝汽式汽轮机不同，做完功的蒸汽并不会进入冷凝器，而是直接排放到下游设备中继续利用蒸汽的余热。背压式汽轮机通常用于工业余热利用场合，如工厂的热电联产系统。它的特点是既可以用于发电，又能够为工业设备提供热能，从而提高能源的利用率。这种汽轮机能够将废热加以利用，既节省了能源，又提高了发电的经济效益。

（四）根据汽轮机的结构设计分类

汽轮机还可以根据其设计特点分为单轴汽轮机和多轴汽轮机，这种分类主要根据汽轮机的结构设计来划分，决定了其应用场景和运行模式。

1. 单轴汽轮机

单轴汽轮机顾名思义，指的是汽轮机的各级叶轮均安装在同一个转轴上。单轴汽轮机的设计较为简单，结构紧凑，适合用于中小型发电机组中。由于所有级别的汽轮机都共用一个转轴，单轴汽轮机在运行时具有较好的同步性，能够有效降低系统的机械损耗。单轴汽轮机常用于发电需求较为平稳的场合，其调节灵活性较低，但在常规发电中能够保持较高的效率。

2. 多轴汽轮机

与单轴汽轮机相比，多轴汽轮机采用多个转轴设计，每一级汽轮机的转子和叶轮可以分别安装在不同的轴线上。多轴汽轮机的优点在于能够灵活调节各级汽轮机的运行状态，以适应不同的负荷需求。多轴设计提高了系统的调节灵活性，能够根据蒸汽压力的变化灵活调整不同汽轮机的做功能力，从而在复杂的发电工况中保持高效运行。多轴汽轮机通常用于需要频繁调节负荷的大型电厂中，适应电网负荷波动的能力较强。

汽轮机根据不同的蒸汽参数、蒸汽流动方向、工作方式和结构设计，可以划分为多种类型，每种类型的汽轮机在具体应用中具有不同的特点和优势。高压、中压、低压汽轮机能够分别处理不同温度和压力下的蒸汽，最大化蒸汽的能量利用；轴流式汽轮机和径流式汽轮机根据蒸汽流动方向的不同，适用于不同的发电规模和工况；凝汽式汽轮机和背压式汽轮机则通过不同的工作原理满足了发电与余热利用的需求。

三、汽轮机的主要性能指标

汽轮机作为火力发电厂的核心设备之一，其性能直接关系到电厂的经济运行和能源利用效率。了解汽轮机的主要性能指标对于优化其运行、提高发电效率和节能减排具有重要意义，性能指标不仅反映汽轮机的工作状态和能量转换效率，还决定了设备的运行寿命和维护成本。

（一）热效率

热效率是评价汽轮机能量转换能力的最重要指标，它是指汽轮机将蒸汽的热能转化为机械能的效率。热效率越高，表示汽轮机在做功过程中消耗的蒸汽量越少，燃料利用率越高，从而降低发电成本。

汽轮机的热效率通常受多种因素的影响，包括蒸汽的温度和压力、叶片的设计以及设备的维护状况等。高压蒸汽具有较高的热能，因此通过提高锅炉中的蒸汽参数，可以提升汽轮机的热效率。汽轮机内部的流道设计也至关重要，叶片的形状、角度和表面光洁度直接影响蒸汽的流动阻力,从而影响能量的转化效率。

为了保持高热效率,火力发电厂通常会采取定期维护措施,以确保汽轮机叶片和转子的清洁度,防止因污垢或腐蚀导致的能量损失。改进汽轮机的隔热效果、减少热量散失也是提高热效率的重要手段。

(二)功率输出

汽轮机的功率输出是衡量其实际发电能力的关键指标,功率输出是指汽轮机在单位时间内产生的机械能,通常以兆瓦(MW)为单位。功率输出越大,汽轮机能够带动发电机产生更多的电能,因此提高功率输出是优化发电厂经济效益的核心。

汽轮机的功率输出取决于蒸汽流量、蒸汽的热能(温度和压力)以及设备的机械损耗等因素,高压、高温蒸汽通过汽轮机时,能够释放出大量的能量,推动叶轮高速旋转,从而产生较大的机械功率。蒸汽流量的控制同样至关重要,过大或过小的流量都会影响汽轮机的稳定运行。

(三)背压

背压是指汽轮机排出蒸汽时的压力,也是评价汽轮机性能的一个重要参数。在凝汽式汽轮机中,背压通常是指排出蒸汽进入冷凝器时的压力。较低的背压能够提高汽轮机的做功能力,使更多的热能转化为机械能,保持合理的背压水平对于优化汽轮机的效率至关重要。

背压过高会导致蒸汽无法充分做功,降低汽轮机的效率;而背压过低则会增加冷凝器的负担,导致设备的能耗增加。在实际运行中,电厂会根据蒸汽的特性和冷凝器的工作状况,合理调整背压,以确保汽轮机的高效运行。

背压的控制主要依赖于冷凝器的性能,冷凝器的冷却水流量和温度直接影响蒸汽的冷凝效率。通过优化冷却水系统、清洁冷凝器表面,可以有效控制背压,进而提高汽轮机的整体性能。

(四)汽耗率

汽耗率是衡量汽轮机单位功率输出所需蒸汽量的指标,通常以$kg/(kW \cdot h)$(每千瓦时耗蒸汽量)为单位。汽耗率反映汽轮机的能量利用效率,汽耗率越低，说明汽轮机在相同发电量下所消耗的蒸汽越少，能量转化效率越高。

影响汽耗率的主要因素包括蒸汽的参数、汽轮机的设计和运行状态，高压、高温蒸汽在做功过程中能够释放更多的能量，从而减少所需的蒸汽量。汽轮机的叶片设计、蒸汽流动路径的优化以及设备的维护状况都会对汽耗率产生直接影响。

为降低汽耗率，发电厂可以通过提高蒸汽的温度和压力、优化汽轮机的运行参数等方式来提升效率。定期对汽轮机的叶片进行清洁和维护，减小蒸汽流动中的阻力，也有助于降低汽耗率。

（五）转速

汽轮机的转速是影响其功率输出和运行稳定性的另一个重要指标，转速通常以每分钟转数（r/min）为单位，是汽轮机叶片在蒸汽推动下的旋转速度。转速越高，说明汽轮机的功率输出能力越强，但过高的转速也会引发机械磨损和安全隐患。

汽轮机的转速与蒸汽流量、叶片设计和负荷情况密切相关，在实际运行中，转速的控制是通过蒸汽调节阀来实现的，蒸汽流量越大，叶轮的转速越高。为了保证汽轮机的运行稳定，电厂通常会根据电网负荷的波动，适时调整蒸汽的流量和转速，确保发电机的功率输出与需求匹配。

现代汽轮机广泛应用了自动化控制系统，通过传感器实时监控转速，并进行精确调整，确保汽轮机在不同工况下都能保持最佳运行状态。定期检查汽轮机的机械部件，避免过度磨损，也是保持转速稳定的重要措施。

（六）振动和噪声

振动和噪声在汽轮机运行过程中比较常见，它们不仅影响设备的运行稳定性，还对整个电厂的安全带来潜在的风险，控制振动和噪声是汽轮机性能管理中的重要环节。

振动通常由汽轮机内部的机械不平衡、蒸汽流动不均或叶片磨损等原因引起，较大的振动会导致轴承、转子等部件的过度磨损，缩短设备的使用寿命，甚至引发故障。为了控制振动，电厂需要定期对汽轮机进行校准和维护，确保各部件的平衡性和紧密性。

噪声则主要源于蒸汽流动和机械摩擦，虽然噪声不会直接影响汽轮机的能效，但长期暴露在高噪声环境下会对操作人员的健康产生不利影响。电厂通常会采取隔音措施，如在汽轮机房安装隔音墙或使用消音设备，减少噪声对环境的影响。

汽轮机的主要性能指标包括热效率、功率输出、背压、汽耗率、转速、振动和噪声等，这些指标不仅反映汽轮机的运行状态和能量转换效率，还决定电厂的经济性和节能效果（表1-4）。通过对这些指标的优化管理，火力发电厂可以实现更高效的能量利用，降低运行成本，并减少对环境的影响。保持汽轮机的高效运行需要从多个方面入手，包括提高蒸汽参数、优化设备设计、加强维护和使用自动化控制系统等。在现代火力发电厂中，汽轮机性能的管理已成为提升整体发电效率和实现节能减排目标的关键环节。

表1-4 汽轮机的性能指标及定义

性能指标	指标定义
热效率	蒸汽热能转化为机械能的效率，影响燃料利用率
功率输出	汽轮机单位时间内产生的机械能，影响发电量
背压	蒸汽排入冷凝器时的压力，影响能量转化效率
汽耗率	单位功率输出所需的蒸汽量，反映能量利用率
转速	汽轮机叶片在蒸汽推动下的旋转速度，影响功率输出
振动和噪声	汽轮机运行中的机械振动和噪声，影响设备稳定性和安全性

四、汽轮机技术的发展历程

汽轮机技术作为现代工业和能源领域的重要组成部分，其发展历程贯穿多个世纪。随着工业革命的到来，汽轮机技术逐渐成为机械能与电能转换的核心技术之一。梳理汽轮机技术的发展历程，可以使我们更好地理解其在火力发电中的关键作用，同时揭示出技术进步对提升能源利用效率的重要性。

（一）早期的蒸汽动力机械

汽轮机技术的雏形可以追溯到17世纪末和18世纪初，当时人们已经意识到蒸汽动力可以用来驱动机械设备。最早的蒸汽动力机械并非现代意义上的汽轮机，而是简单的活塞式蒸汽机。以托马斯·纽科门（Thomas Newcomen）和詹姆斯·瓦特（James Watt）为代表的发明家，通过开发蒸汽机推动了第一次工业革命的进程。

詹姆斯·瓦特在蒸汽机上的改进，特别是引入冷凝器，使得蒸汽的利用效率大幅提升。这一改进虽然与现代汽轮机有很大不同，但为后来的蒸汽动力机械奠定了基础。瓦特蒸汽机广泛应用于采矿、纺织和运输等行业，其技术原理也为后续的汽轮机开发提供了理论基础。

尽管活塞式蒸汽机在18世纪末和19世纪初占据主导地位，但其能量利用效率较低，机械结构复杂，维护成本高。正是这些不足推动了科学家和工程师们进一步探索更为高效的蒸汽动力转换方式，汽轮机技术便是在这种需求下逐渐出现并发展起来的。

（二）汽轮机的诞生与早期应用

现代汽轮机技术的真正起源要追溯到19世纪末，1884年，英国工程师查尔斯·帕森斯（Charles Parsons）成功发明世界上第一台实际应用的汽轮机。帕森斯汽轮机是一种多级反动式汽轮机，它利用高温高压蒸汽通过多级叶轮逐步减压，将蒸汽的热能转化为机械能，最终驱动发电机发电。与活塞式蒸汽机相比，帕森斯汽轮机具有更高的效率和更低的机械损耗，因此迅速在电力生产领域得到应用。

帕森斯汽轮机的发明标志着蒸汽动力技术进入了一个新的阶段，特别是在大型电力系统中的应用，汽轮机逐渐取代传统的蒸汽机，成为主要的发电动力源。随着蒸汽参数（温度和压力）的不断提升，汽轮机的发电效率也逐渐提高，成为大规模发电厂中的核心设备。

在汽轮机技术发展的初期，其主要应用领域集中在船舶推进和电力生产两个方面。特别是在船舶领域，汽轮机的高功率输出和稳定性能使其迅速成为战舰和商船的主要动力装置，推动了海军装备的现代化进程。随着电力需求的增长，汽轮机在电力行业的应用逐渐普及，成为推动工业化进程的重要技术之一。

(三)汽轮机技术的现代化进展

进入20世纪后,随着工业化进程的加快,汽轮机技术得到进一步的发展。特别是"二战"后,全球对电力的需求迅速增长,汽轮机技术进入了高速发展阶段。这一时期,科学家和工程师们通过提高蒸汽参数、优化叶片设计和改进材料技术,大幅提升了汽轮机的运行效率和可靠性。

超临界汽轮机采用更高的蒸汽温度和压力,使蒸汽在接近或超过其临界点的状态下运行,从而实现更高的热效率。超超临界技术则进一步提升了蒸汽的参数,使其在更高温度和压力下工作,从而达到更低的能量损耗。这些技术的应用不仅提高了发电效率,还显著减少了燃料消耗和污染物排放。

20世纪中期以后,汽轮机与燃气轮机的联合循环技术逐渐普及。联合循环发电系统利用燃气轮机的高温废气加热锅炉中的水,产生蒸汽驱动汽轮机做功,实现更高的能源利用率。这一技术使得电厂的总热效率得以大幅提升,从而降低了燃料成本和环境压力。

(四)现代汽轮机的优化与智能化

进入21世纪,随着数字化技术的进步,汽轮机的智能化管理成为技术发展的新趋势。现代汽轮机不仅在材料、设计和效率方面取得了巨大进步,数字化技术的应用也极大地提高了设备的运行管理水平。

通过引入智能监控系统,现代汽轮机能够实时监测运行状态,捕捉设备的振动、温度、压力等关键参数,及时预判和处理潜在的故障。智能化管理方式极大地减小了设备停机和故障发生的概率,提高了发电厂的整体运行效率;同时,现代汽轮机系统也能够根据电网的负荷需求自动调节输出功率,使电力供应更加灵活和高效。在材料方面,现代汽轮机逐步采用耐高温、抗腐蚀的先进合金材料,不仅使得设备能够承受更高的蒸汽温度和压力,也能延长设备的使用寿命,降低维护成本。

汽轮机技术的发展历程从最早的蒸汽机到现代高效、智能化的发电设备,经历了数个世纪的变革(表1-5)。早期的蒸汽机推动了工业革命的发展,但其效率低、成本高,逐渐被效率更高的汽轮机所取代。自19世纪末帕森斯汽轮机发明以来,汽轮机在发电和船舶推进等领域迅速普及,并随着技术进步逐步实现了现代化。在20世纪,汽轮机通过不断提高蒸汽参数、优化设计和引入新材料,实现了超临界、联合循环等多项技术突破，使发电效率大幅提升。进入21世纪后，智能化技术的应用进一步提升了汽轮机的运行管理水平，使其在电力供应中发挥更加重要的作用。汽轮机技术的每一次进步，都是人类工业化进程中的重要里程碑。通过不断提高能量利用效率和设备运行的稳定性，汽轮机不仅推动了全球电力生产的发展，也在节能减排方面作出了重要贡献。

表1-5 汽轮机技术的发展历程

时间点	技术发展
17世纪末—18世纪初	早期蒸汽机发明，托马斯·纽科门和詹姆斯·瓦特蒸汽机推动工业革命
1884年	查尔斯·帕森斯发明第一台多级反动式汽轮机，开启现代汽轮机时代
20世纪中期	超临界汽轮机技术诞生，采用更高的蒸汽温度和压力提高效率
20世纪后期	联合循环发电技术逐渐普及，燃气轮机与汽轮机结合提高能源利用率
21世纪	数字化与智能化监控系统应用，提升汽轮机运行管理和自动化水平

第三节　火电厂汽轮机经济运行与节能管理的重要性

一、经济运行对火电厂效益的影响

在火电厂的日常运营中，汽轮机的经济运行不仅关乎发电效率，还直接影响着电厂的经济效益。通过优化汽轮机的运行参数、减少能耗和提高设备使用寿命，火电厂能够在降低燃料成本的同时，提升整体生产效率。经济运行模式已成为现代火电厂实现高效能量转换、降低运营成本的重要途径。

（一）减少燃料消耗与成本

火电厂的运行成本中，燃料成本占据了很大比例。无论是以煤炭、天然气，还是石油为燃料的火电厂，燃料的使用效率直接决定了生产成本。通过优化汽轮机的经济运行，火电厂可以减少燃料的消耗，进而显著降低运营成本。汽轮机的经济运行主要体现在通过精确控制蒸汽流量、压力和温度，确保燃料燃烧的热能能够被高效地转化为机械能。

火电厂可以通过提高蒸汽的参数来提升汽轮机的热效率,高压、高温蒸汽能够提供更大的热能输出,使汽轮机在单位时间内获得更高的机械功率。减少蒸汽传输过程中的热损失、优化汽轮机叶片的设计,使蒸汽能够在更小的能量损失下推动叶轮做功,都是减少燃料消耗的重要措施。

节能设备和技术的应用也是降低燃料成本的关键,通过增加余热回收装置,火电厂能够将高温烟气中的余热再利用,提高整体的热效率。节能技术既可以减少燃料的消耗,又能够延长汽轮机和其他相关设备的使用寿命,为电厂带来双重的经济效益。

(二)提升发电效率与利润空间

发电效率是火电厂经济效益的直接衡量指标,通过优化汽轮机的运行方式,火电厂能够提高蒸汽的能量转换效率,从而增加发电量。在相同燃料消耗的情况下,发电效率的提升意味着单位燃料能够产生更多的电力输出,这为火电厂带来了更大的利润空间。

汽轮机的发电效率通常受到蒸汽参数、设备设计以及维护保养的影响,提高发电效率的方式之一是采用超临界和超超临界技术,这些技术通过提升蒸汽的温度和压力,使汽轮机在更高效的条件下工作,从而提高热能转化效率。超临界汽轮机的热效率可以达到40%以上,远高于常规的亚临界汽轮机,大幅减少了单位发电量的燃料需求。

发电效率的提升还可以通过精确的控制和监测系统来实现,现代火电厂广泛采用自动化控制技术,通过实时监测汽轮机的运行状态,及时调整蒸汽流量、压力和温度等参数,确保汽轮机在最佳工况下运行。通过这样的管理方式,火电厂能够有效提高发电效率,减少能源浪费,并最大限度地提高经济效益。

(三)延长设备使用寿命与降低维护成本

火电厂设备的使用寿命直接影响着电厂的长期经济效益,汽轮机作为火电厂的核心设备,其运行状态和寿命不仅与火电厂的发电能力息息相关,还决定设备维护和更换的成本。通过经济运行管理,火电厂可以减少设备的磨损和故障,延长汽轮机的使用寿命,从而降低长期的维护和更换成本。

合理的经济运行管理可以有效避免汽轮机的过度负荷运行，过度负荷会导致汽轮机内部叶片、轴承等关键部件的过度磨损，增加设备的故障率。通过实时监控和精确调整运行参数，确保汽轮机在合理的负荷范围内工作，能够显著降低设备的磨损程度，延长其使用寿命。

定期的设备检修和维护也是确保汽轮机长期高效运行的重要手段，通过定期对汽轮机进行状态检测和维护，及时清除设备中的污垢和腐蚀物，防止汽轮机因积累性问题导致的性能下降或故障发生。维护工作的科学规划与实施，不仅可以提高设备的运行效率，还能够降低维护成本，减少意外停机带来的经济损失。

（四）减少环境污染与提升社会效益

汽轮机的经济运行不仅能够带来直接的经济效益，还能在一定程度上减少燃料消耗，降低火电厂对环境的污染。火电厂以化石燃料为主要能源的发电方式，其运行过程中会排放大量的二氧化碳、硫化物、氮氧化物等污染物。减少燃料的使用，不仅能够降低生产成本，还可以显著减少废气排放，提升电厂的环保效益和社会形象。

通过提高汽轮机的热效率，火电厂能够在相同的发电量下减少燃料的消耗，进而减少污染物的排放。配备现代化的烟气脱硫、脱硝装置，进一步减少污染物的排放，也能够提高火电厂的环保合规性，减少环保处罚和经济损失。随着节能减排政策的逐步严格，火电厂通过经济运行管理减少排放，不仅能够提升其在市场中的竞争力，还能够获得相应的碳排放配额或奖励，进一步增强其经济效益和社会责任感。

汽轮机的经济运行对火电厂的整体效益具有深远的影响，通过减少燃料消耗、提高发电效率、延长设备使用寿命和减少环境污染，火电厂能够在降低成本的同时提升生产效率，进而获得更大的经济利润。汽轮机的经济运行管理还可以提升电厂的环保效益，增强其在市场中的竞争力。在现代火电厂中，经济运行已成为不可或缺的管理方式。通过科学的设备维护、优化的运行参数调节以及先进的自动化控制系统，火电厂能够实现长期高效、节能的运行模式，由此为其带来可持续的经济效益。

二、节能管理在火电厂中的必要性

在火电厂的日常运营中,汽轮机作为能量转换的核心设备,其运行效率直接关系到整个发电过程的能耗水平。节能管理在火电厂中至关重要,通过科学的节能管理,不仅可以降低能源消耗、降低燃料成本,还能提高发电效率,减少对环境的负面影响。随着全球能源形势的变化和环保要求的日益严格,火电厂的节能管理已经成为提高经济效益和增强环保竞争力的关键措施。

(一)降低能源消耗,优化资源利用

火电厂的燃料消耗是其运营成本的主要组成部分,而节能管理的首要目标就是降低能源消耗,优化资源利用。通过合理的管理措施,火电厂能够减少燃料的浪费,使其在生产相同电力的情况下消耗更少的资源。不仅直接减少燃料成本,还能够延长燃料储备的使用周期,提高电厂的资源利用效率。

在汽轮机的运行中,节能管理的核心在于优化蒸汽的利用效率。通过提高蒸汽参数,如压力和温度,使蒸汽在汽轮机中做功时能够释放更多的热能,从而减少所需的蒸汽量。减少蒸汽在传输过程中的热损失和泄漏也是节能管理的重要措施之一,通过对管道进行保温处理和加强密封,能够有效防止热量散失,确保蒸汽的能量能够充分用于汽轮机的功率输出。

余热回收技术也是火电厂节能管理中的重要手段之一,许多传统火电厂的能量利用效率相对较低,大量的热量通过排烟和冷却水流失。通过余热回收装置,将这些废热再次利用,可以进一步减少燃料的消耗,提高整个系统的能源利用率。

(二)减少排放,提升环保效益

火电厂是能源消耗大户,也是主要的二氧化碳、硫化物和氮氧化物排放源之一。随着全球环保要求的日益严格,火电厂通过节能管理减少污染物排放,已成为其可持续发展的关键策略。通过降低燃料消耗和提高燃烧效率,火电厂不仅能够减少温室气体排放,还能够降低对大气环境的污染。

在实际运行中,汽轮机的高效运行可以显著减少煤炭、石油等化石燃料的使用量,从而直接减少二氧化碳的排放。节能管理还涉及脱硫、脱硝等环保技术的

应用，这些技术能够有效减少燃料燃烧过程中产生的硫化物和氮氧化物，减少酸雨等环境问题的发生。

节能管理还通过减少对天然资源的依赖，提升火电厂的生态效益。通过优化资源利用和减少能源消耗，火电厂不仅可以在短期内降低运营成本，还能够在长期内减少对环境的破坏，提升其在社会中的环保形象和企业声誉。随着可持续发展理念的普及，环保效益与经济效益的融合已经成为现代火电厂节能管理的核心目标。

（三）提高设备效率，延长设备使用寿命

在火电厂的日常运行中，设备的效率和使用寿命直接关系到火电厂的经济效益。汽轮机作为火电厂中最核心的设备，其运行效率不仅影响着发电量，还决定着燃料的利用效率和设备的维护成本。通过科学的节能管理，火电厂可以提高设备的运行效率，减少故障率和停机时间，延长设备的使用寿命。

合理的节能管理措施包括对汽轮机运行状态的实时监测和优化，通过现代化的监控系统，火电厂可以对蒸汽的流量、压力、温度以及设备的振动情况进行全面监控，并根据实时数据进行调整，确保设备始终处于最佳工作状态。这样的管理方式不仅能够提高汽轮机的效率，还能够预防设备故障，降低维护成本。

定期的设备维护和检修也是节能管理中的重要环节，火电厂通过定期对汽轮机进行清洁和维护，减少污垢、腐蚀等对设备效率的影响，能够延长设备的使用寿命，减少设备更换带来的高昂成本。科学的节能管理不仅可以确保设备的高效运行，还能够降低火电厂的长期维护费用，提升整体经济效益。

（四）应对市场波动，提高竞争力

随着电力市场的竞争加剧，火电厂需要通过节能管理来提高自身的竞争力。燃料价格和市场需求的波动常常给火电厂带来较大的经营压力，通过节能管理，火电厂能够提高能源利用效率，减少对燃料价格波动的敏感性，从而在市场竞争中保持较高的盈利水平。

节能管理不仅帮助火电厂降低了运营成本，还为其应对市场需求的变化提供了更大的灵活性。通过提高汽轮机的运行效率，火电厂可以在需求增加时迅速提升发电量，满足市场的需求；而在需求减少时，通过优化设备运行，减少不必要

的能源消耗，降低生产成本。随着国家对节能减排的政策支持力度加大，许多地区和国家对节能减排技术实施了补贴和激励措施。通过有效的节能管理，火电厂不仅可以在环保方面获得政策支持，还能够通过提高自身的能源利用率和减少排放，为经济社会的可持续发展作出贡献。

节能管理在火电厂的运营中具有不可替代的重要性，通过优化能源利用、减少污染排放、提升设备效率和延长设备使用寿命，火电厂不仅能够提高经济效益，还能够在日益严格的环保要求下保持可持续发展。现代火电厂通过科学的节能管理，降低燃料消耗和运营成本，减少了对环境的负面影响，并提高市场竞争力。节能管理已成为现代火电厂实现高效、清洁和可持续运行的必然选择。在未来，随着节能技术的不断进步，火电厂的节能管理将继续发挥重要作用，推动能源行业的绿色转型和高效发展。

三、汽轮机经济运行与节能管理的关系

在火电厂的运行中，汽轮机作为能量转换的核心设备，其经济运行直接影响着电厂的整体效率和经济效益。与此同时，节能管理则是通过优化能源使用、减少浪费来降低能耗和运营成本。汽轮机的经济运行与节能管理二者相互作用、紧密关联，通过提高设备效率、减少能耗和延长设备使用寿命，它们共同推动了电厂的节能减排和经济效益提升。

（一）经济运行是节能管理的基础

汽轮机的经济运行是实现节能管理的基础，在火电厂中，汽轮机的能效直接决定了燃料的利用率，燃料消耗量与发电成本呈正相关关系。通过经济运行，汽轮机能够在降低燃料消耗的前提下，保持较高的发电效率，不仅减少了能源浪费，也为节能管理提供了坚实的技术基础。

经济运行的核心在于通过优化运行参数和合理分配负荷，确保汽轮机在最佳工况下工作。具体措施包括优化蒸汽流量、压力和温度控制，以确保燃料燃烧产生的能量能够得到最大限度的利用。在这一过程中，节能管理通过监控和调节设备运行状态，减少过度消耗，实现资源的高效利用。优化锅炉与汽轮机的协同工作，减少蒸汽泄漏和传输过程中的能量损失，是保证汽轮机经济运行的关键手段。

经济运行有助于减少因过度运行或非经济运行带来的设备磨损和能量浪费，节能管理在此过程中通过对汽轮机运行状态的持续监控与调整，确保设备在合理负荷下运行，避免因超负荷或低效运行导致的燃料消耗增加与设备寿命缩短。汽轮机的经济运行不仅是节能管理的必要前提，也是节能措施得以有效实施的基础。

（二）节能管理优化经济运行效果

节能管理不仅依赖于汽轮机的经济运行，同时也通过优化运行管理，进一步提升经济运行的效果。现代火电厂的节能管理体系主要通过引入自动化控制系统和精密的监控手段，实时监测汽轮机的运行状态，并根据不同工况和负荷条件进行动态调整，从而提高汽轮机的能量利用效率。

汽轮机在不同负荷下的运行效率存在差异，通过节能管理系统的智能调节，火电厂能够根据电网的需求和负荷波动，动态调整汽轮机的输出功率，以达到最佳的经济运行效果。负荷较小时，减少燃料供给，降低蒸汽流量；负荷增大时，迅速提高燃料燃烧效率，确保设备的高效运行。这种灵活的调节方式，不仅节约了燃料，还能减少设备的过度磨损，提高经济效益。

节能管理还涉及设备的维护与保养，通过定期的维护工作，清除设备内部积存的污垢、锈蚀，保证汽轮机的叶片和转子在理想状态下运行，能够显著提高经济运行的效果。从长期来看，这种维护不仅减少了设备故障率，还延长了设备的使用寿命，进一步提升了节能管理的效果。

（三）经济运行与节能管理的协同效应

汽轮机的经济运行与节能管理相互作用，形成协同效应。通过经济运行，火电厂能够提高能源利用效率，降低燃料消耗，而节能管理则通过优化运行模式，确保这一目标能够持续实现。二者的结合，不仅可以提高电厂的经济效益，还能够有效减少对环境的影响，提升电厂的环保形象。

在这一协同效应下，汽轮机的经济运行为节能管理创造了条件，节能管理则通过合理分配资源、调节运行状态来优化经济运行效果。在燃料价格波动时，节能管理可以通过调整设备的运行模式，减少燃料消耗，确保在高燃料成本时期依然维持较低的运营成本。通过节能管理，火电厂能够充分利用燃料中的每一分能量，最大化发电量并减少废气排放，从而实现经济效益与环保效益的双赢。

汽轮机经济运行与节能管理的协同效应不仅体现在燃料消耗的降低和发电效率的提升上，还体现在设备的长期维护与使用寿命的延长上。科学合理的运行管理，能够降低设备的磨损，减少故障的发生，从而减少停机时间，保证火电厂的长期稳定运行。这种协同作用为火电厂的可持续发展提供了重要的保障。

（四）节能管理提升火电厂整体竞争力

汽轮机的经济运行与节能管理不仅影响电厂的运营成本和能源效率，还直接关系到电厂在市场中的竞争力。在能源价格不断上涨、环保要求日益严格的背景下，火电厂通过节能管理提升经济运行水平，不仅能够有效应对燃料成本的波动，还能够通过降低污染排放，符合国家和地区的环保政策要求。

节能管理能够帮助火电厂在降低生产成本的同时，提高发电效率，进而增强其在市场中的竞争优势。特别是在电力市场化交易和碳排放配额制度下，具有良好节能管理体系的电厂，能够通过减少碳排放和获得节能补贴，提升盈利能力。节能管理还能增强火电厂的灵活性，使其能够快速应对市场需求的变化，保持持续竞争力。

汽轮机的经济运行与节能管理紧密相连，二者相互作用，共同推动火电厂的效益提升与节能减排。通过汽轮机的经济运行，火电厂能够降低燃料消耗、提高发电效率，为节能管理提供技术支持；而节能管理则通过优化运行方式、维护设备状态，进一步提升经济运行的效果，确保火电厂的长期高效运行。两者的协同作用不仅能够提升火电厂的经济效益，还能够有效减少环境污染，增强其在市场中的竞争力。在能源紧缺和环保压力日益增加的今天，汽轮机经济运行与节能管理的结合已成为现代火电厂可持续发展的核心策略。

第二章　汽轮机的工作原理与运行系统

第一节　汽轮机的本体结构与工作原理

一、汽轮机本体结构及其功能

汽轮机作为火力发电厂的核心设备之一，其结构复杂且精密，各个部分的功能紧密联系，共同实现蒸汽能量的转化。在汽轮机的运行过程中，蒸汽通过高压、高温的形式进入设备内部，经过动叶片和静叶片的交替作用，将蒸汽的热能逐步转化为机械能。为了更好地理解汽轮机的运行效率与经济性，必须深入了解其本体结构及其功能。

（一）转子

转子是汽轮机的核心部件，主要负责将蒸汽的热能转化为机械能，并通过联轴器传递给发电机。转子通常由高强度合金钢制成，具备良好的耐磨性和抗疲劳性能，以确保能够在高压、高温的蒸汽环境下长时间稳定运行。转子的结构由主轴和固定在其上的动叶片组成，在蒸汽流过动叶片时，转子被推动旋转，产生机械功率。

转子的旋转速度直接影响汽轮机的功率输出和效率，因此在设计和运行过程中，必须保持转子的良好平衡性。如果转子失衡，汽轮机在运行中会产生剧烈的振动，导致设备的磨损加剧，甚至出现故障。为了保证转子的平稳运行，汽轮机在制造时需要进行精确的动静平衡校准，并在运行过程中通过监控系统实时检测转子的状态，防止振动超标。

转子在高速旋转时产生的机械功率通过联轴器传递给发电机，发电机的转子与汽轮机的转子相连，通过电磁感应原理将机械能转化为电能。转子的运行状态不仅影响汽轮机的效率,还决定整个发电系统的稳定性和经济性。

(二)动叶片和静叶片

动叶片和静叶片是汽轮机实现能量转化的关键部件,蒸汽进入汽轮机后,经过静叶片引导蒸汽流动的方向,再进入动叶片推动转子旋转。动叶片直接与转子连接,当高温高压蒸汽流过动叶片时,蒸汽的动能被转化为动叶片的机械能,进而推动转子高速旋转。静叶片的作用则是引导蒸汽的流动方向,使蒸汽能够有效地进入动叶片。

动叶片和静叶片交替排列,形成汽轮机内部的蒸汽通道。蒸汽通过多级叶片,逐步释放能量。每一级动叶片都会降低蒸汽的压力和温度,从而实现能量的逐级释放。多级结构的设计能够最大限度地利用蒸汽的能量,提高汽轮机的效率。

叶片的设计和材质对于汽轮机的运行性能至关重要,由于蒸汽的高温和高压环境,动叶片和静叶片需要具备良好的耐热性和抗腐蚀性。现代汽轮机通常使用特殊合金材料制造叶片,以提高其抗疲劳性能和使用寿命。叶片的空气动力学设计也需要精细优化,以确保蒸汽能够以最小的能量损失流过叶片,提高能量转化效率。

(三)汽缸和隔板

汽缸是汽轮机的外部壳体,起到承载和保护内部结构的作用。汽缸内装有动叶片和静叶片,同时提供了蒸汽流动的通道。汽缸的主要功能是维持蒸汽的压力和温度,确保蒸汽能够在高压环境下流动,并有效地推动叶片做功。为了保持汽轮机的运行效率,汽缸的密封性和结构强度必须得到严格控制,以防止蒸汽泄漏和设备损坏。

汽缸内部还装有隔板,用于分隔不同级别的蒸汽流动。隔板的功能是将不同压力和温度的蒸汽分隔开,防止蒸汽在汽缸内的混合造成能量损失。通过隔板的作用,蒸汽可以按照设计好的路径和顺序流过各级叶片,确保每一级叶片都能够充分利用蒸汽的能量,提高汽轮机的整体效率。汽缸的设计还需考虑到热膨胀问题,由于汽缸内部温度较高,材料会因热膨胀而产生一定的应力。

（四）轴承与密封装置

轴承是支持转子旋转的关键部件，其主要功能是减少转子在旋转过程中的摩擦力，保证转子的平稳运行。汽轮机的转子在高速旋转时会产生较大的摩擦和热量，因此轴承必须具备良好的耐磨性和耐高温性能。汽轮机常采用滑动轴承和滚动轴承两种类型，其中滑动轴承应用最为广泛。

轴承的润滑系统对于保持其工作状态至关重要，通过润滑油系统，轴承能够在高负荷下减少摩擦和磨损，延长使用寿命。润滑系统还具有散热功能，防止轴承在高速运转时过热导致故障。汽轮机的轴承系统必须保持良好的润滑状态，定期检查和更换润滑油，以确保设备的长期稳定运行。

密封装置是防止蒸汽泄漏的重要部件，通常安装在转子与汽缸之间的接合处。由于汽轮机内部存在高压蒸汽，如果密封不严，蒸汽泄漏会导致能量损失和设备效率下降。常见的密封装置包括迷宫密封、浮动环密封等，通过复杂的密封结构有效减少蒸汽泄漏，保证汽轮机的高效运行。

（五）冷凝器与给水系统

冷凝器是汽轮机循环系统中的重要设备，其功能是将做完功后的低压蒸汽冷凝为水。蒸汽通过汽轮机后，进入冷凝器与冷却水进行热交换，变为液态水，再通过给水系统重新送回锅炉循环使用。冷凝器的效率直接影响到汽轮机的整体运行效率，冷却水系统的设计和运行决定了冷凝器的冷凝效果。

冷凝器的设计需要考虑到冷却水的流速和流量，通过合理的流体力学设计，确保冷凝器能够迅速将蒸汽冷却成水。冷凝器与给水系统的密切配合，不仅提高了蒸汽循环的效率，还减少了对水资源的浪费。冷凝器中的冷却水通常采用闭路循环，这进一步提升了系统的经济性和环保性能。

汽轮机的本体结构由多个精密部件组成，包括转子、叶片、汽缸、轴承、密封装置和冷凝器等。这些部件通过相互配合，共同完成将蒸汽的热能转化为机械能的过程。每个部件的设计和功能都至关重要，决定汽轮机的运行效率、能量转化能力以及设备的使用寿命。通过合理设计和维护汽轮机的本体结构，提高设备的运行效率，降低能源消耗，延长设备的使用寿命。了解汽轮机的本体结构及其功能（表2-1），有助于更好地进行经济运行和节能管理，确保火电厂在提高发电效率的同时，减少能耗和环境影响。

表2-1　汽轮机本体结构及其功能

结构部件	功能
转子	将蒸汽的热能转化为机械能，带动发电机工作
动叶片和静叶片	引导和推动蒸汽流动，逐步转化蒸汽能量
汽缸和隔板	承载内部结构，维持蒸汽的压力和温度，防止蒸汽泄漏
轴承与密封装置	减少转子旋转时的摩擦力，确保转子的平稳运行，并防止蒸汽泄漏
冷凝器与给水系统	将低压蒸汽冷凝为水，重新送回锅炉形成循环

二、汽轮机的工作原理简述

汽轮机是火力发电厂中的关键设备之一，其核心功能是将蒸汽的热能转化为机械能，驱动发电机产生电力。通过高温高压的蒸汽流动，推动汽轮机的叶片转动，汽轮机实现了热能到机械能的转化过程。掌握汽轮机的工作原理有助于理解其在火电厂中的重要性，并为提高设备效率、优化运行管理奠定基础。

（一）蒸汽能量的转化过程

汽轮机的工作原理是基于能量转换的过程，即将高温高压蒸汽的热能转化为机械能。锅炉内燃料燃烧产生的高温高压蒸汽通过管道进入汽轮机的蒸汽室，蒸汽通过汽轮机内的一系列叶片时产生膨胀，推动叶片旋转，将蒸汽的热能转化为叶片的动能。叶片的旋转带动转子转动，最终转子的旋转机械能通过联轴器传递给发电机，完成电能的生产。

蒸汽在汽轮机内的能量转换过程中会逐步降压降温，蒸汽的压力和温度经过各级叶片的做功逐渐降低。汽轮机通常设计为多级结构，依次降低蒸汽的能量，每一级汽轮机都利用蒸汽的不同压力和温度做功，最大限度地提取蒸汽中的能量。这种能量的分级释放，确保了蒸汽的利用效率，避免了能量的浪费。

在汽轮机内部，蒸汽通过喷嘴和动叶片之间的相互作用，将蒸汽的内能转化为机械能。喷嘴的作用是将高压蒸汽加速并导入动叶片，蒸汽推动动叶片旋转，从而实现能量的转化。蒸汽做完功后，低压蒸汽进入冷凝器，通过冷却水将蒸汽冷凝成水，重新进入锅炉进行循环利用。

（二）动叶片与静叶片的作用

汽轮机内部的核心部件之一是动叶片和静叶片，动叶片是蒸汽推动的主要部件，其主要功能是将蒸汽的动能转化为机械能。动叶片与转子相连，随着蒸汽的流动而转动，将蒸汽的能量通过转子的旋转输出。静叶片则负责引导蒸汽的流动方向，使其能够有效地进入动叶片，并优化蒸汽流过叶片的角度，最大化能量转化效率。

动叶片与静叶片交替排列，形成汽轮机内部的工作通道。蒸汽在通过每一级动叶片之前，经过静叶片的引导，使蒸汽的流动方向和速度得到优化。动叶片通过接受蒸汽的冲击而旋转，产生机械功率，并将其传递给转子。由于蒸汽的压力和温度在经过每一级叶片时逐渐降低，因此每一级动叶片和静叶片的设计都经过精确计算，以确保每一级叶片能够有效利用剩余的蒸汽能量。

叶片的设计和材料选择对于汽轮机的效率和寿命至关重要，高温高压蒸汽对叶片的冲击力极大，动叶片需要具备良好的耐高温、耐腐蚀性能。现代汽轮机常采用先进合金材料制造叶片，以延长其使用寿命，并通过精细的空气动力学设计，优化蒸汽的流动路径，减少能量损失。

（三）转子的作用与结构

转子是汽轮机的关键旋转部件，其功能是通过动叶片将蒸汽的能量转化为机械能，并传递至发电机。转子的高速旋转直接决定了汽轮机的功率输出，因此其设计和制造精度对于汽轮机的运行稳定性至关重要。转子通常采用高强度合金钢制造，具有良好的耐磨性和抗疲劳性，以应对长时间高负荷运行带来的压力。

转子上安装有多个动叶片，每一级动叶片都与转子固定在一起，随着蒸汽流过叶片，转子被蒸汽推动而高速旋转。转子的旋转通过联轴器与发电机相连，带动发电机的转子进行电能的转换。转子的平衡性和对中性直接影响汽轮机的运行平稳性，转子出现失衡会引发振动和机械损耗，甚至导致设备故障。定期对转子进行平衡调整和维护，是保证汽轮机长期稳定运行的关键。

转子的设计还需考虑到蒸汽的流动路径和压力分布，以确保各级动叶片能够均匀受力，减少局部应力集中。通过精确的动静平衡调整，转子在高转速下能够保持稳定旋转，减少机械摩擦和振动，提高汽轮机的运行效率。

（四）冷凝器与蒸汽循环系统

汽轮机的运行依赖于蒸汽的循环使用，而冷凝器在这一过程中起到了关键作用。蒸汽在汽轮机内做完功后进入冷凝器，通过冷却水将蒸汽冷凝成水，再通过给水泵重新送回锅炉，形成一个完整的蒸汽循环系统。冷凝器的效率直接影响到蒸汽循环的能量损失和汽轮机的整体效率。

冷凝器的工作原理是通过冷却水与蒸汽的热交换，使蒸汽的温度迅速降低，变成液态水。通过维持冷凝器内的低压力，能够保证蒸汽在较低温度下冷凝，从而提高汽轮机的能量转换效率。冷凝器的冷却水系统通常采用循环水冷却方式，以减少对水资源的浪费，同时提高冷凝效率。蒸汽循环系统的设计直接影响汽轮机的经济运行效果，通过优化蒸汽管道的设计，减少蒸汽传输中的热损失，并确保蒸汽在汽轮机内的合理分配，能够最大化蒸汽的利用率，减少能源消耗。

汽轮机的工作原理基于蒸汽能量的转化，通过动叶片和静叶片的协同作用，将高温高压蒸汽的热能逐级转化为机械能，推动转子旋转，最终带动发电机产生电能。汽轮机的高效运行依赖于各个部件的精密设计和协调工作，包括动静叶片、转子以及冷凝器与蒸汽循环系统的紧密配合。通过理解汽轮机的工作原理，能够更好地优化设备的运行效率，减少能量损失，提高经济效益。汽轮机作为火电厂的核心设备，其能量转换效率直接影响到发电厂的整体效益，合理的运行管理与维护措施可以延长设备的使用寿命，提高运行的稳定性和安全性。

三、汽轮机的工作原理与效率分析

汽轮机是火力发电厂的核心设备之一，主要通过将锅炉产生的高温高压蒸汽的热能转化为机械能，然后通过发电机将机械能转化为电能。汽轮机的效率直接影响到火力发电厂的能源利用率和经济效益，因此分析其工作原理和效率是提高火力发电厂经济运行水平的重要方面。

（一）汽轮机的能量转换原理

汽轮机的核心工作原理是将高温高压蒸汽的热能转化为动能，再通过动叶片将动能转换为机械能。具体来说，锅炉中的燃料燃烧产生大量高温高压蒸汽，这些蒸汽通过管道进入汽轮机，经过喷嘴加速，形成高速汽流，然后进入动叶片。

动叶片被高速蒸汽推动，带动转子旋转，从而将蒸汽的动能转化为机械能。

蒸汽在汽轮机中的流动是一个能量逐步转化的过程，蒸汽的压力和温度随着蒸汽在每一级动静叶片的做功而逐渐降低。汽轮机的多级结构设计使得蒸汽的能量能够被逐级释放，最大限度地利用蒸汽的热能，减少能量浪费。

在能量转换过程中，蒸汽通过动叶片时，其动能逐渐转化为动叶片的旋转动能。每一级动叶片的能量转化率不同，通常高压汽轮机的效率较高，因为高压蒸汽的热能密度较大。随着蒸汽在多级叶片中的逐步降压，低压蒸汽的能量利用效率也会有所降低。

（二）蒸汽热效率与影响因素

汽轮机的效率通常通过热效率来衡量，即输入的蒸汽热能中有多少被有效转化为机械能。汽轮机的热效率受到多种因素的影响，包括蒸汽的温度、压力、流量，以及汽轮机内部结构的设计、运行状态等。提高热效率是优化汽轮机经济运行的重要目标。

1. 蒸汽参数对效率的影响

蒸汽的温度和压力是影响汽轮机热效率的关键因素，高温高压的蒸汽具有较高的能量密度，因此能够在汽轮机中产生更多的机械能。现代汽轮机通常采用超临界蒸汽或超超临界蒸汽运行，蒸汽压力超过22.1 MPa，温度高于374 ℃，这种超临界状态下的蒸汽可以显著提高热效率。

2. 蒸汽流量与做功效率的关系

蒸汽的流量也直接影响汽轮机的工作效率，蒸汽流量过大会导致设备负荷过重，增加摩擦损失和机械应力；流量过小则会导致能量无法充分利用。保持适当的蒸汽流量，并通过调节阀控制蒸汽进入汽轮机的流量，能够优化做功效率。

3. 叶片设计的影响

动叶片和静叶片的设计对汽轮机的效率也有重要影响，叶片的形状、角度和表面光洁度决定了蒸汽通过叶片时的能量损失。叶片设计不合理或表面粗糙会导致蒸汽流动阻力增加，减小蒸汽的动能转化效率。通过空气动力学优化叶片设计，能够有效减少蒸汽流动中的能量损失，提高整体效率。

(三)不同类型汽轮机的效率比较

根据不同的工艺要求和运行环境,火力发电厂中采用的汽轮机类型不同,各类汽轮机的效率也有所差异。通常情况下,汽轮机分为凝汽式汽轮机和背压式汽轮机两种类型,二者在效率和适用场景上各有不同(表2-2)。

1. 凝汽式汽轮机

凝汽式汽轮机是火力发电厂中最常见的汽轮机类型,其主要特点是蒸汽做完功后进入冷凝器,冷却成水再送回锅炉进行循环使用。汽轮机能够最大限度地利用蒸汽的能量,因此在大规模电力生产中具有较高的效率。凝汽式汽轮机的总热效率通常在40%~45%,但蒸汽的冷凝过程会产生一定的能量损失。

2. 背压式汽轮机

背压式汽轮机在热电联产系统中应用较多,其工作原理是蒸汽做完功后,余热被送往工业系统或居民区供热。背压式汽轮机的效率相对较高,能够在发电的同时充分利用蒸汽余热,提高整体能源利用率。由于背压式汽轮机的蒸汽无法完全回收,其在纯发电过程中的效率相对凝汽式汽轮机略低。

表2-2 不同类型汽轮机的效率比较

汽轮机类型	效率范围	主要特点
凝汽式汽轮机	40%~45%	蒸汽做完功后进入冷凝器,发电效率较高,适用于大规模电力生产
背压式汽轮机	80%~85%	蒸汽余热用于供热,适用于热电联产系统,整体能源利用率高

(四)汽轮机效率的提升途径

1. 采用超临界和超超临界技术

提高蒸汽的温度和压力,使其达到超临界状态,能够显著提高汽轮机的热效率。超超临界蒸汽的能量密度更高,其使得汽轮机在单位时间内释放更多的机械能,从而减少燃料消耗,降低运营成本。

2. 优化叶片设计和材料

采用先进的空气动力学设计和高强度材料制造叶片，可以有效减少蒸汽流动中的能量损失。高温合金材料的使用不仅能够延长叶片的使用寿命，还可以提高汽轮机的耐热性，减少高温蒸汽对叶片的损耗。

3. 加强运行监控与自动化调节

通过现代化的监控系统，实时监测汽轮机的运行状态，可以及时调整蒸汽流量、压力等关键参数，确保汽轮机始终处于最佳运行状态。自动化调节系统能够根据负荷需求，灵活调整汽轮机的功率输出，避免因负荷波动导致的效率降低。

4. 改进冷凝器性能

冷凝器的效率直接影响到汽轮机的整体效率，通过改进冷凝器的冷却水系统、提高冷凝器的传热效率，减少蒸汽的余热损失，提高汽轮机的总能量转换率。定期清洁冷凝器和优化冷却水流量，也能够提升冷凝器的工作效率。

汽轮机的工作原理是以能量转换为核心，通过高温高压蒸汽推动叶片旋转，将热能转化为机械能。汽轮机的效率分析表明，其热效率受到蒸汽温度、压力、流量以及内部结构设计的多方面影响。不同类型的汽轮机，如凝汽式汽轮机和背压式汽轮机，在不同应用场景中具有各自的效率优势。提升汽轮机效率是优化火力发电厂经济效益的重要手段，采用超临界技术、优化叶片设计、加强运行监控以及改进冷凝器性能等措施，可以有效提高汽轮机的能量转换效率，减少燃料消耗，进而提升火电厂的整体效益。

第二节 凝结水系统与循环水系统

一、凝结水系统的组成与工作流程

凝结水系统是火力发电厂中不可或缺的一部分，负责将汽轮机中做完功后的蒸汽冷凝为水，并将这些冷凝水送回锅炉进行再循环使用。这个系统的高效运行对于保持汽轮机的整体效率和经济性至关重要。凝结水系统不仅能够确保能量的有效利用，还能减少冷却水的消耗，从而提升火电厂的整体运行效率。

（一）凝结水系统的主要组成

凝结水系统由多个关键设备组成，这些设备共同作用，确保蒸汽能够在汽轮机中循环利用，实现高效能量转换。凝结水系统的主要组成部分包括冷凝器、凝结水泵、低压加热器、除氧器和给水泵等。每一个设备在凝结水系统中都发挥着重要的作用。

1. 冷凝器

冷凝器是凝结水系统中的核心设备，负责将汽轮机做完功后的低压蒸汽冷却为水。冷凝器通过冷却水进行热交换，将蒸汽中的热量带走，使蒸汽迅速冷却并凝结为液态水。冷凝器通常安装在汽轮机的排汽口处，以便快速回收做完功后的蒸汽。

2. 凝结水泵

凝结水泵用于将冷凝器中冷却后的冷凝水送往低压加热器和除氧器，凝结水泵的作用是克服流体输送过程中的压力损失，确保冷凝水能够顺利流动并完成后续的加热和处理。凝结水泵的工作效率对系统的整体流量和压力稳定性至关重要。

3. 低压加热器

低压加热器的功能是利用部分汽轮机的抽汽，将冷凝水预热，提高其温度。通过预热，冷凝水的热量得以增加，从而减少锅炉加热水时的燃料消耗，提高整体热效率。低压加热器通常安装在凝结水泵的下游，确保冷凝水在进入除氧器前已经经过一定程度的加热。

4. 除氧器

除氧器的主要功能是去除凝结水中的溶解氧气和其他气体，这些气体如果不去除，会在锅炉内导致设备的腐蚀。除氧器通过加热冷凝水，使其达到接近沸点的温度，从而使溶解气体逸出。除氧器不仅能提高凝结水的纯度，还能进一步提高水的温度。

5. 给水泵

给水泵是将处理后的凝结水送回锅炉的重要设备，给水泵的任务是克服锅炉系统的高压环境，确保冷凝水能够顺利进入锅炉进行下一轮的加热循环。给水泵通常为高压泵，其工作状态直接影响整个火力发电系统的循环稳定性。

（二）凝结水系统的工作流程

凝结水系统的工作流程主要包括蒸汽冷凝、凝结水输送、低压加热与除氧处理、给水泵输送及进入锅炉的过程（图2-1）。整个流程环环相扣，确保汽轮机内的蒸汽能被充分利用，减少能源浪费。

1. 蒸汽冷凝

当蒸汽在汽轮机内做功后，低压蒸汽通过排气系统进入冷凝器。冷凝器中的冷却水系统迅速带走蒸汽的热量，使蒸汽冷凝成水。冷凝器内的真空状态能够加速蒸汽的冷却过程，提高冷凝效率。冷凝器的冷却水通常采用循环水系统，通过不断交换水流带走热量。

2. 凝结水输送

冷凝器内的冷凝水通过凝结水泵送往低压加热器，凝结水泵通过增加冷凝水的压力，确保冷凝水能够顺利进入低压加热器和除氧器。凝结水泵的稳定运行是保证系统压力和流量的关键因素。凝结水泵的工作点必须与冷凝器和后续设备的需求相匹配，以维持系统的连续性和稳定性。

3. 低压加热与除氧处理

凝结水在进入除氧器前，经过低压加热器的预热。低压加热器利用汽轮机抽汽对冷凝水进行加热，减少后续锅炉的加热负担，达到节能的目的。加热后的冷凝水进入除氧器进行气体的去除。通过除氧器的作用，冷凝水中的氧气和其他溶解气体被排除，进一步提高了水的纯度，减少了锅炉和管道的腐蚀风险。

4. 给水泵输送并进入锅炉

给水循环经过除氧处理的凝结水进入给水泵，给水泵将处理后的高压水送入锅炉，进行下一轮蒸汽的加热与循环。水已经达到接近沸点的状态，进入锅炉后能够迅速吸收热量，转化为高温高压蒸汽，再次供给汽轮机使用。整个循环过程通过精确控制压力、温度和流量，保证了火力发电系统的连续稳定运行。

```
蒸汽冷凝 → 凝结水输送 → 低压加热
                              ↓
进入锅炉 ← 给水泵输送 ← 除氧处理
```

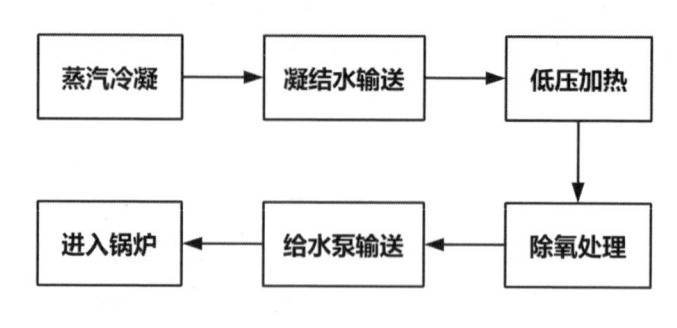

图2-1　凝结水系统的工作流程

（三）凝结水系统的重要性

凝结水系统在火力发电厂中起着至关重要的作用，该系统能够有效回收汽轮机中的废蒸汽，将其冷凝为水后再利用，减少了新鲜水的需求量。凝结水的循环利用提高了整体系统的热效率，减少了燃料的消耗。通过低压加热和除氧等过程，凝结水系统还能够优化锅炉的工作效率，减少设备的腐蚀，延长设备的使用寿命。

凝结水系统的有效运作可以大幅减少锅炉对燃料的需求，通过预热和除氧，冷凝水进入锅炉时温度更高，减少加热所需的能量消耗。低压加热器和除氧器的组合进一步减少燃料消耗，为火电厂的节能管理提供了重要支持。凝结水中的溶解氧气和其他气体如果不及时去除，会对锅炉和管道造成严重腐蚀，缩短设备的使用寿命。通过除氧器的处理，凝结水的纯度得到显著提高，从而减小腐蚀的风险，延长锅炉和管道的使用寿命，降低设备的维护成本。凝结水系统的高效运行直接影响到火力发电厂的整体效率，冷凝器的冷凝效果、凝结水泵的输送效率以及低压加热器的加热效果都对汽轮机的运行状态产生影响。优化凝结水系统的各个环节，能够显著提高系统的整体运行效率，进而提升电厂的经济效益。

凝结水系统是火力发电厂中不可或缺的重要组成部分，通过蒸汽冷凝、凝结水输送、低压加热和除氧处理等一系列流程，确保蒸汽的循环利用，提高能源的利用效率，减少燃料消耗。系统中的每个设备，如冷凝器、凝结水泵、低压加热器和除氧器等，都在维持系统高效运作中发挥着关键作用。通过合理设计和运行凝结水系统，不仅能够提高火电厂的整体运行效率，还能延长设备的使用寿命，减少能源浪费，实现经济效益和环保效益的双赢。

二、循环水系统的功能与特点

循环水系统是火力发电厂中非常重要的辅助系统，其主要功能是为冷凝器提供冷却水，带走汽轮机做功后排出的蒸汽的热量，确保蒸汽能够迅速冷凝成水，完成能量循环。在整个发电过程中，循环水系统的高效运行对维持汽轮机的正常运转、提高系统效率以及节约能源具有重要意义。循环水系统的设计和管理对火力发电厂的经济运行和节能目标具有直接影响。

（一）循环水系统的基本功能

循环水系统的核心功能是为冷凝器提供充足的冷却水，以确保蒸汽在汽轮机做完功后能够迅速冷却，进而冷凝为水。蒸汽在冷凝器中与冷却水进行热交换，冷却水吸收蒸汽的热量后流出冷凝器，再通过冷却塔或水源进行降温，之后重新进入冷凝器循环使用。这个过程中，循环水系统不仅帮助维持冷凝器内的真空状态，还直接影响着汽轮机的工作效率。

1. 冷却蒸汽

循环水的主要功能是将汽轮机排出的低压蒸汽进行冷却，汽轮机中做功后的蒸汽在进入冷凝器时仍然保持较高的热量，如果不能有效冷却，蒸汽将无法迅速冷凝为水，影响汽轮机的热循环效率。循环水通过与蒸汽进行热交换，迅速吸收蒸汽的热量，保证蒸汽冷凝器的有效运行。

2. 维持冷凝器真空

冷凝器的工作效率很大程度上依赖于其内部的真空状态，循环水系统通过带走蒸汽中的热量，帮助维持冷凝器内的低压真空环境。真空状态不仅有助于提高冷凝效率，还能降低蒸汽的排汽压力，进而提高汽轮机的效率。真空度的维持是冷凝器正常运行的基础，循环水系统通过持续的冷却作用确保了这一关键条件。

3. 保持冷却水循环

循环水系统的另一个核心功能是保持冷却水的连续循环使用，冷却水在吸收了蒸汽的热量后，温度升高，需要经过冷却塔或其他冷却装置进行降温处理，之后被重新送回冷凝器进行下一轮的冷却循环。通过这种循环模式，冷却水的使用效率得以大幅提升，减少了水资源的消耗，同时保证了冷凝器的冷却需求。

（二）循环水系统的主要设备

循环水系统的有效运行依赖于多个关键设备，这些设备共同确保冷却水的稳定供应、热量传递以及水流的连续循环，主要设备包括循环水泵、冷却塔、补水系统和管道系统。

1. 循环水泵

循环水泵是循环水系统的核心设备，负责将冷却水从冷却塔或水源输送到冷凝器，并在冷却后再次将其输送至冷却塔。循环水泵的运行状态直接决定整个系统的水流量和压力。为保证冷凝器的冷却效果，循环水泵需要保持稳定的流量和压力，以确保冷却水能够持续不断地进入冷凝器进行热交换。

2. 冷却塔

冷却塔是循环水系统中用于冷却循环水的设备，冷却水在吸收蒸汽的热量后，温度会显著上升，冷却塔通过与空气的热交换，使循环水的温度下降，再次送回冷凝器进行冷却循环。冷却塔的类型多种多样，常见的有湿式冷却塔、干式冷却塔和混合冷却塔。湿式冷却塔利用水的蒸发作用带走热量，干式冷却塔则通过空气的对流作用冷却水体，而混合冷却塔则结合了两者的优点。

3. 补水系统

由于冷却水在循环过程中会因蒸发和泄漏等损失一部分水量，因此需要补水系统来维持循环水的总量平衡。补水系统通常从自然水体或其他水源中取水，经过处理后注入循环水系统，确保冷却水始终充足。补水系统的设计对于减少水资源浪费、保持循环系统的稳定性具有重要意义。

4. 管道系统

循环水系统的管道负责连接冷凝器、循环水泵和冷却塔等设备，管道的布局和设计直接影响冷却水的流速和流量。合理的管道设计能够减小水流中的阻力损失，提高冷却水的传输效率；管道的材质和耐腐蚀性能也是决定系统寿命和运行可靠性的重要因素。

（三）循环水系统的特点

循环水系统在火力发电厂中具有独特的功能特点，这些特点使得该系统能够高效运行，并在节能减排中发挥重要作用。

1. 水资源的高效利用

循环水系统的最大特点是冷却水的重复利用，通过不断的循环使用，同一批冷却水可以经过多次循环冷却蒸汽，大幅减少新鲜水资源的使用量。在现代火力发电厂中，水资源的节约是一个重要目标，而循环水系统通过减少水的消耗量，在节水方面作出了重大贡献。

2. 降低能耗与成本

循环水系统的高效运行不仅能够保证汽轮机的正常运作，还能显著降低电厂的能耗。冷却塔通过自然的空气对流或蒸发冷却作用带走热量，减少额外的能源消耗。循环水泵通过稳定的水流输送，也能够优化能量传递过程，减少水泵的运行能耗。整体而言，循环水系统能够帮助电厂降低运营成本，提高经济效益。

3. 环境友好性

通过合理设计和管理，循环水系统可以减少对自然环境的影响。冷却塔通过空气冷却的方式减少热量直接排放到河流或湖泊中，避免水源的过度加热；另外，水的循环使用也减少了废水的排放，降低对周围水体的污染。循环水系统不仅能够提高电厂的运营效率，还能符合环保法规的要求，减少环境污染。

4. 系统的灵活性与适应性

循环水系统具有较强的灵活性，能够根据不同的工况需求进行调节。在电厂负荷较高时，增加循环水泵的工作量，增大冷却水流量；在负荷较低时，循环水泵则可以减少工作量，节约能耗。

循环水系统在火力发电厂中起着至关重要的作用，它不仅为冷凝器提供必要的冷却水，确保蒸汽能够迅速冷凝成水，还能够通过水的循环使用，提高水资源的利用效率，降低水资源的消耗。循环水系统的高效运行能够帮助电厂节约能耗、降低运营成本，并且符合环保要求，减少对环境的影响。通过合理设计循环水系统的设备和流程，优化其运行参数，火力发电厂能够显著提高整体经济效益，同时减少能源浪费和水资源消耗。循环水系统不仅是保证汽轮机高效运行的基础设施之一，也是电厂节能管理和环保策略的重要组成部分。

三、凝结水与循环水系统的经济运行策略

凝结水系统和循环水系统是火力发电厂中至关重要的两个系统，它们直接关系到发电效率和能量利用率。因此，在火力发电厂的日常运行中，采用合理的经济运行策略能够有效节约能耗、降低运行成本，并确保系统的长时间稳定运行。通过优化系统的各个环节，协调凝结水和循环水系统的运行，可以最大化能源利用效率，达到经济和环保效益双赢的目标。

（一）优化凝结水系统的经济运行策略

凝结水系统是火力发电厂中处理汽轮机做完功后蒸汽的关键系统，其经济运行直接影响到电厂的整体效益。凝结水系统的运行策略应注重提高冷凝器效率、减少水资源的消耗以及优化设备维护，以实现长期高效运行。

1. 提高冷凝器效率

冷凝器是凝结水系统的核心设备，负责将蒸汽冷却为水，其工作效率对整个系统的经济性至关重要。要提高冷凝器的效率，需要确保冷却水的流量和温度控制在合适的范围内。优化冷却水系统的设计，调节冷却水流速和水量，可以确保蒸汽的冷凝速度和效率，减少能量浪费。与此同时，定期对冷凝器进行清洗和维护，确保冷凝管道内没有污垢或结垢，也是保持冷凝器高效运行的必要措施。

2. 减少冷凝水的蒸发和泄漏

在凝结水系统中，冷凝水的蒸发和泄漏会导致不必要的水资源损失，增加补水量和能量消耗。经济运行策略应重点监控冷凝水的输送环节，确保管道系统的密封性。定期检查管道，减少泄漏点，并在冷凝水泵和输送管路中加入蒸发控制措施，可以有效减少水资源的浪费，降低系统的补水需求，进而节约运行成本。

3. 优化凝结水泵的运行

凝结水泵负责将冷凝水输送至低压加热器和除氧器，其运行状态对凝结水系统的稳定性和能效影响显著。自动化控制系统实时监控凝结水泵的压力和流量，确保其在最佳工作状态下运行，提高整个系统的效率。适时调节凝结水泵的运行频率和输出功率，避免过度能量消耗，也是实现经济运行的重要手段之一。

4. 加强低压加热器的管理

低压加热器通过对冷凝水进行预热，能够有效减少锅炉加热时的能量消耗。在经济运行中，确保低压加热器的效率至关重要。合理调整抽汽量、优化热交换器的设计以及定期维护加热器设备，能够提升加热效果，减少热能损失，降低燃料消耗，从而提高凝结水系统的整体效率。

（二）循环水系统的经济运行策略

循环水系统主要用于为冷凝器提供冷却水，带走蒸汽的余热并维持冷凝器内的真空状态。为了确保循环水系统的经济运行，必须采取多方面的优化策略，包括提高冷却塔的效率、优化循环水泵的运行、减少资源的浪费、利用自动化和智能化技术。

1. 提高冷却塔的效率

冷却塔是循环水系统的核心设备之一，其作用是通过空气对流或蒸发作用降低循环水的温度，以便冷却水重新送回冷凝器进行循环使用。提高冷却塔效率的关键在于保持足够的气流和水流，同时避免冷却塔的结垢和堵塞。定期清洗冷却塔，保持空气流通畅通，可以有效提高冷却效果。采用湿式和干式混合冷却技术，可以根据外部气候条件灵活调节冷却模式，从而节省能量消耗。

2. 优化循环水泵的运行

循环水泵的运行状态直接决定了冷却水的流量和压力，通过调整水泵的运行频率和流量，确保其输出与冷凝器的冷却需求相匹配，能够有效降低电能消耗。现代火电厂可以利用自动化控制系统，实时监控循环水泵的运行状况，优化水泵的启停和运行速度，避免水泵在低负荷条件下过度运行造成的能量浪费。

3. 减少水资源的浪费

在循环水系统中，水资源的消耗主要来源于冷却水的蒸发、泄漏和排放。经济运行策略应注重提高水资源的利用效率，减少不必要的水损失；优化管道设计，减少水流中的阻力损失，并定期检查和维修管道以防止泄漏，有效减少水资源浪费；增加水的循环次数，降低排污量，也能够显著减少新鲜水的使用量，降低补水成本。

4. 利用自动化和智能化技术

为了实现循环水系统的最佳经济运行，火电厂可以引入自动化和智能化技术。这些技术可以通过实时数据监控和分析，优化循环水系统的各个环节。基于外部环境温度和冷凝器的工作状态，自动化系统能够动态调节冷却塔和水泵的运行模式，确保冷却效果和能效之间的平衡；通过智能化控制，火电厂不仅可以减少能源消耗，还能延长设备的使用寿命，降低维护成本。

（三）凝结水与循环水系统的协同优化

凝结水系统和循环水系统作为火电厂中紧密相连的两个系统，彼此之间存在协同效应。在制订经济运行策略时，必须同时考虑两者的互动关系，优化整体系统的能效表现。

1. 优化冷凝器与水系统的配合

冷凝器是凝结水系统和循环水系统的交汇点，因此优化冷凝器的运行能够同时提高两个系统的效率。火电厂通过合理调节冷却水流量、保持冷凝器内的低温和低压，可以有效提高蒸汽冷凝速度，减少热量损失。水系统的配合至关重要，循环水系统的冷却效果直接影响冷凝器的工作效率，合理控制冷却水的流量和温度，可以保证凝结水系统的稳定运行。

2. 协调两系统的负荷分配

火电厂的负荷波动对凝结水系统和循环水系统的运行都有直接影响，火电厂通过协调两者的负荷分配，确保在高负荷条件下水泵和冷却塔的输出匹配蒸汽冷凝需求，避免过度能耗，大幅提高整体系统的经济性。低负荷运行时，适当减少水泵和冷却设备的工作频率，可以节约电力和水资源，优化系统的节能效果。

凝结水系统与循环水系统的经济运行策略是火电厂提升效率、减少能源消耗的重要环节，通过提高冷凝器、冷却塔以及水泵等设备的运行效率，减少水资源浪费，优化运行参数，火电厂能够实现更高的经济效益。采用自动化控制和智能化技术，可以实时监控和调整系统的运行状态，进一步优化能效表现。合理设计和管理凝结水与循环水系统，能够确保火电厂在保证设备稳定运行的同时，减少能源消耗和水资源浪费，实现节能环保的双重目标。

四、系统的维护与故障处理

凝结水系统与循环水系统作为火力发电厂的重要组成部分，在维持汽轮机稳定、高效运行中起着至关重要的作用。这些系统在长期运行过程中会受到磨损和腐蚀，出现效率下降或设备故障的情况。科学的系统维护和高效的故障处理对保障设备的经济运行、减少停机时间至关重要。

（一）凝结水系统的维护要点

凝结水系统的核心任务是将汽轮机做完功后的蒸汽冷凝成水并输送回锅炉，其设备的高效运行直接影响火电厂的经济效益。系统的维护工作应侧重于提高冷凝器的效率、保持管道的密封性、维持凝结水泵的稳定运行，并确保除氧器的正常工作。

冷凝器是凝结水系统的关键设备，其效率直接决定系统的能量转化能力。由于冷凝器的管道长期与蒸汽和冷却水接触，容易出现结垢、腐蚀或堵塞等问题。维护过程中，应定期对冷凝器管道进行清洗，去除水垢和污垢，防止管道堵塞；腐蚀性水质会对管道造成损坏，因此需要对冷却水进行化学处理，以降低腐蚀风险；还应检查冷凝器的密封性，确保系统内部压力保持在稳定范围内，避免蒸汽泄漏。

凝结水系统的管道负责输送冷凝水，因此其密封性和流通性至关重要。长期运行会导致管道出现泄漏、磨损或堵塞。应定期对管道进行检查，确保无泄漏点，并及时更换磨损的管件和密封装置，有效防止水资源浪费和能量损失。管道的保温层也须定期检查和维护，防止热量在输送过程中大量散失。

凝结水泵的运行状态直接影响冷凝水的输送效率，泵的轴承、密封件和叶轮等部件在长时间运行后容易磨损，导致效率下降或故障发生。定期更换磨损部件、检查润滑系统、保持泵体清洁，是确保凝结水泵长期稳定运行的关键。自动化系统的应用还能够监测水泵的运行状态，及时发现异常，避免重大故障。

除氧器负责去除冷凝水中溶解的氧气，防止锅炉和管道的腐蚀。除氧器的维护工作主要包括定期清洗设备内部、检查加热元件是否正常工作，以及监控除氧效果。确保除氧器内的水温达到设计要求，能够提高除氧效率，延长系统的使用寿命。

（二）循环水系统的维护要点

循环水系统的核心功能是为冷凝器提供冷却水，确保蒸汽的有效冷凝。为了保障循环水系统的经济运行，定期维护冷却塔、循环水泵和补水系统等设备至关重要，水质管理也是保证系统正常运行的重要方面。

冷却塔是循环水系统中负责降低水温的设备，冷却效率直接影响整个系统的工作状态。冷却塔长期运行会出现填料堵塞、结构腐蚀或散热不均等问题。维护时，应定期检查冷却塔的填料，清除杂质和污垢，保持良好的通风效果。还要检查冷却塔的框架结构，防止因腐蚀或老化导致设备坍塌。通过定期保养，冷却塔的冷却效率和使用寿命都可以得到保障。

循环水泵是负责将冷却水从冷却塔输送到冷凝器的关键设备，其维护内容包括定期检查叶轮、轴承、密封件和润滑系统。由于循环水泵需要长时间连续运行，零部件的磨损在所难免，定期更换和保养可以有效防止因部件损坏导致的停机。泵的运行效率也要通过监测系统进行实时监控，确保泵的输出与冷凝器的需求匹配，避免因运行不当导致的能源浪费。

补水系统用于弥补循环水系统中因蒸发和泄漏造成的水量损失，补水设备如阀门、管道等需保持良好的密封性，防止水资源的浪费。补水量的控制要根据系统运行状态进行适当调节，避免过量或不足导致的系统不稳定。水质处理也是补水系统的关键维护点，确保进入循环系统的水质符合要求，能够降低管道和设备的腐蚀风险。

水质管理是循环水系统维护中的重要一环，冷却水长期与空气和外界环境接触，容易受到污染和腐蚀。定期对水质进行检测和处理，可以有效防止水垢形成、管道堵塞和设备腐蚀。常见的水质处理措施包括加药、除垢和防腐处理，通过化学处理保持水的适宜pH值和矿物质含量，确保循环水系统的长期稳定运行。

（三）故障处理策略

在凝结水系统和循环水系统的运行过程中，会出现设备故障或运行异常。制订高效的故障处理策略，能够减少停机时间、降低经济损失，并确保系统迅速恢复运行。

常见的冷凝器故障包括管道堵塞、泄漏或冷凝效率下降，一旦发现冷凝器的冷凝效果变差，应立即检查冷却水流量、冷凝器真空状态以及管道是否堵塞。如果是管道堵塞，可通过清洗设备进行疏通；如果是泄漏，则需停机进行焊接或更换受损管道。保持冷凝器内部的清洁，定期进行检测，是防止故障的有效手段。

凝结水泵故障多表现为泵体发热、输出不足或异响，处理时应检查泵的轴承是否磨损、润滑是否充足以及叶轮是否有杂物堵塞，若泵的密封件损坏或管道出现泄漏，需立即更换密封件或维修管道，防止水泵因缺水干转而损坏。自动化监测系统可以有效预警泵的异常状态，避免重大事故发生。

循环水泵常见故障包括电机过载、流量下降或压力不稳定，当水泵出现流量不足或水压波动时，检查电机和传动装置，确认是否因过载或运行不稳定导致泵效率下降；对于压力波动问题，可调整阀门和泵速，确保泵的运行参数与系统需求相符。若出现机械故障，应根据具体情况停机检修。

冷却塔故障一般表现为散热不均、塔体振动或填料堵塞，散热不均通常是由于填料堵塞或通风不畅所致，此时应清理填料并检查风机的运行状态。塔体振动与结构老化或风机轴承磨损有关，应定期检查并更换老旧部件。保持冷却塔的良好通风和结构稳定性，能够防止大多数故障的发生。

凝结水系统与循环水系统的维护与故障处理是保障火力发电厂长期高效运行的重要工作，通过定期检查、清洁和更换设备中的关键部件，能够有效延长设备使用寿命，减少由故障导致的停机时间。针对系统中常见的设备故障，制订快速处理策略，不仅可以提高系统的稳定性，还能降低维护成本，提升火电厂的整体经济效益。

第三节 回热加热系统与发电机冷却系统

一、回热加热系统的作用与原理

回热加热系统在火力发电厂中是一个至关重要的辅助系统，它通过对锅炉给水进行预热，提高了蒸汽系统的整体热效率，减少燃料消耗，从而提升火力发电厂的经济效益。回热加热系统利用从汽轮机不同阶段抽出的蒸汽，通过加热器将热量传递给给水，完成预热过程，最终达到节能减排的效果。

（一）回热加热系统的作用

回热加热系统的主要作用是通过预热锅炉给水，减少锅炉内的燃料消耗，提高热效率。预热后的给水温度接近蒸汽温度，进入锅炉后需要的加热量减少，从而降低了锅炉的燃料需求。

1. 提高锅炉效率

通过回热加热系统，给水在进入锅炉之前已经通过蒸汽被加热至较高温度，因此在锅炉中仅需少量燃料即可将水进一步加热为蒸汽。预热后的给水温度越高，锅炉需要的加热量就越少，燃料的消耗也就越少；回热加热系统对锅炉效率的提升具有直接的推动作用。

2. 减少燃料消耗

回热加热系统通过使用汽轮机中已做完部分功的蒸汽来加热给水，这种方法比直接利用燃料加热的方式更节能。在回热加热过程中，利用的是蒸汽中剩余的热量，这些热量本应在汽轮机内被冷却和排放，回热加热系统的引入有效避免了热能浪费，进而减少对燃料的依赖。

3. 降低设备损耗

由于预热后的给水温度较高，在进入锅炉时水与锅炉之间的温差减小，减小了锅炉承受的热应力，降低了设备的损耗。长期来看，这有助于延长锅炉和相关管道设备的使用寿命，减少维修和更换的频率，节省了维护成本。

（二）回热加热系统的工作原理

回热加热系统的核心原理是通过汽轮机各级抽汽来对锅炉给水进行逐级加热，最终使给水在进入锅炉时达到较高温度。这一过程中涉及多个加热器的联合作用，包括高压加热器、低压加热器和除氧器等设备，它们通过分级抽汽系统实现了热能的高效传递。

1. 分级抽汽与加热

回热加热系统的核心设备是汽轮机的抽汽口，汽轮机在不同阶段做功时会产生不同压力的蒸汽，这些蒸汽未完全释放其热能，因此可以通过抽汽口将这些蒸汽引出，输送到各级加热器进行热交换。低压蒸汽用于加热较低温度的给水，高压蒸汽则加热更高温度的给水，形成分级加热的过程。

2. 低压加热器的工作原理

低压加热器位于回热加热系统的初始部分，主要利用汽轮机低压段抽出的蒸汽加热冷凝水。冷凝水进入低压加热器，吸收蒸汽的部分热量，使其温度上升。加热后的水继续被输送到除氧器进行下一步处理。低压加热器的作用是初步提高水温，减少后续加热器的热负荷。

3. 高压加热器的工作原理

高压加热器通常位于系统的后段，利用汽轮机高压段的抽汽对水进行进一步加热。水在进入锅炉之前，会通过高压加热器吸收蒸汽的热量，进一步升温；高压加热器的效率直接影响锅炉的燃料消耗。通过对高压蒸汽的充分利用，系统能够最大限度地将蒸汽的热能传递给水。

4. 除氧器的工作原理

除氧器不仅用于去除给水中溶解的氧气，还起到加热的作用。低压加热后的水进入除氧器后，利用汽轮机的低压抽汽将水进一步加热到接近饱和温度，同时通过高温去除水中的溶解气体。除氧后的水可以减少锅炉和管道的腐蚀风险，提高系统的安全性和寿命。

5. 热量回收与再利用

通过回热加热系统，各级蒸汽的热量被逐步回收并用于预热给水，不仅减少直接从燃料中获取热量的需求，还提高整个热循环的热能利用率；未完全利用的蒸汽在经过各级加热器后，继续回流到汽轮机中做功，进一步提升了整体的能源利用效率。

（三）回热加热系统的优化与经济性

为了提高火力发电厂的整体经济效益，回热加热系统的设计和优化至关重要。通过合理的系统配置、精确的蒸汽控制以及定期的设备维护，可以进一步提升系统的经济性，降低运行成本。

1. 优化抽汽压力与温度

回热加热系统的抽汽压力和温度对加热效果有直接影响，为了确保给水能够得到充分预热，汽轮机各级抽汽压力需要进行精确控制，确保抽出的蒸汽能够在适当的温度下完成热量传递。通过自动化控制系统，实时监测和调节抽汽参数，提高回热加热系统的效率，避免能源浪费。

2. 设备维护与清洁

加热器、管道和除氧器等设备长期运行后会出现结垢、堵塞或腐蚀问题，影响系统的加热效果。定期清洗和维护这些设备，保持其热交换表面的清洁，可以确保热能的高效传递，提升系统的运行效率。设备的良好维护不仅可以延长其使用寿命，还可以避免由故障导致的生产中断和能源浪费。

3. 提高系统自动化水平

在现代火电厂中，回热加热系统的自动化水平对经济性有着重要影响。通过引入自动化控制系统，实时监测各级加热器的运行状态和给水的温度变化，动态调节抽汽量和热量传递速率，确保系统在不同工况下保持最佳效率。自动化系统的应用不仅能够提高能源利用率，还可以减少人为干预带来的误操作风险。

回热加热系统是火力发电厂中提高热效率、减少燃料消耗的重要组成部分，通过分级抽汽和加热器的协同工作，能有效回收汽轮机中未完全利用的蒸汽热量，并将其用于预热锅炉给水，从而提升整个发电系统的经济性。通过优化系统设计、精确控制抽汽参数以及加强设备维护，火力发电厂可以进一步提高回热加热系统的运行效率，降低运营成本，实现节能减排目标。回热加热系统的有效运行不仅能够显著提升锅炉的燃烧效率，还能延长设备的使用寿命，减少维护成本，为火力发电厂的经济运行提供强有力的支持。

二、发电机冷却系统的类型与选择

发电机作为火电厂的重要设备，其运行状态直接关系到整个电力生产过程的效率与安全性。由于发电机在运行过程中会产生大量的热量，如果不能及时有效地将这些热量排出，将会导致设备过热，进而影响其性能，缩短使用寿命，甚至引发安全隐患。冷却系统的合理选择对于保障发电机的正常运行、提高发电效率及延长设备使用寿命具有至关重要的作用。发电机冷却系统的类型多样，不同的系统适用于不同规模、不同功率及不同运行环境的发电设备。

（一）空气冷却系统

空气冷却系统是一种最为传统且常见的冷却方式，广泛应用于中小型发电机中。这种系统利用空气作为冷却介质，通过风扇或鼓风机将发电机内部的热量带走。空气冷却系统的结构相对简单，维护方便，且运行成本较低。它的主要优点在于系统不需要额外的冷却介质，因而不涉及水资源的消耗，也避免冷却液体泄漏带来的腐蚀等问题。

空气冷却系统的冷却效率较低，尤其在大功率发电机上，空气的导热性和比热容较小，难以满足高负荷设备的散热需求。随着发电机功率的增加，空气冷却系统在排热效率上的局限性逐渐显现。这种系统通常适用于功率较低、环境条件相对温和的发电机设备中，如小型火力发电厂或应急备用电源系统。

（二）氢气冷却系统

氢气冷却系统是一种较为先进的冷却方式，主要应用于中大型发电机中。氢气作为冷却介质的主要优势在于其导热性强、密度低，因此能有效提高冷却效率，同时减少冷却系统的能耗。与空气冷却相比，氢气冷却能够在较小的介质体积下带走更多的热量，从而使发电机能够在高功率、长时间运行条件下保持较低的温升。

氢气冷却系统的设计相对复杂，需要严格的密封系统，以防止氢气的泄漏。氢气属于易燃易爆气体，对系统的安全性要求较高，任何泄漏或不当操作都可能引发火灾或爆炸事故。

（三）水冷系统

水冷系统是另一种常见的发电机冷却方式，广泛应用于超大功率发电机和核电机组中。水作为冷却介质具有很高的导热性和比热容，能够迅速将发电机内部的热量传递出去。水冷系统通过管道将冷却水引入发电机的冷却腔体或冷却器中，利用水流将发电机的热量带走，再通过冷却塔或热交换器对水进行降温，循环使用。

与空气和氢气冷却系统相比，水冷系统的冷却能力更强，因此能够适应更高功率、更高热负荷的发电设备。水冷系统在环境温度变化较大时仍能保持较为稳定的冷却效果，是超大型火电机组的首选冷却方式。水冷系统对水资源的需求较大，尤其在干旱或缺水地区，冷却水的获取和处理成为一个关键问题。水冷系统的管道、泵阀等设备容易受到水垢和腐蚀的影响，必须进行定期维护和清理。

（四）油冷系统

油冷系统主要用于特殊环境下的发电机冷却，环境温度较低或较高的区域。油作为冷却介质不仅能有效吸收热量，还具有一定的润滑作用，能够延长发电机内部机械部件的使用寿命。油冷系统通过将油泵入发电机的冷却回路中，带走设备运行时产生的热量，再通过油冷却器进行热量交换，降低油温后，油继续循环使用。

油冷系统与水冷系统相似，都具有较高的冷却效率，但油冷却系统的成本相对较高，且需要定期更换冷却油。油冷系统对密封要求极高，油的泄漏不仅会导致冷却效率下降，还会对发电机的绝缘系统造成污染或损坏。在一些高海拔、低温环境中，油冷系统因其稳定的冷却效果和润滑能力被广泛应用，尤其是在一些长期连续运行的大型机组中，油冷系统表现出更好的耐久性和稳定性。

（五）复合冷却系统

复合冷却系统是一种结合多种冷却介质和技术的冷却方式，旨在针对不同运行条件和设备需求提供更为灵活和高效的冷却解决方案。常见的复合冷却系统包括氢气-水冷复合系统、空气-油冷复合系统等。这种系统可以根据发电机的运行负荷、环境温度和设备设计需求进行灵活调整，以达到最佳的冷却效果。

复合冷却系统的最大优势在于能够结合不同冷却介质的优点，如氢气的高导热性和水的高比热容，从而显著提高冷却效率。复合冷却系统的设计更加灵活，能够根据发电机运行中的不同工况进行实时调节，提高系统的适应性。复合冷却系统的设计和维护复杂度较高，系统稳定性和安全性要求也更为严格，尤其是在高负荷和极端运行环境下，复合冷却系统需要具备良好的冗余设计和故障处理能力。

发电机冷却系统的选择直接影响着发电机的运行效率、使用寿命和安全性。在中小型发电机中，空气冷却系统因其简单的结构和低成本而占据重要地位；在中大型发电机中，氢气冷却系统凭借其高效的导热性能成为首选；而水冷系统则因其强大的冷却能力，广泛应用于超大功率发电设备中；油冷系统则在特殊环境中表现出独特的优势，尤其适合高海拔、极端温度条件下的设备；复合冷却系统通过结合多种冷却方式，提供更加灵活和高效的冷却方案。冷却系统的选择必须根据发电机的功率、运行环境和冷却需求进行综合考虑，以确保发电机的长期稳定运行和高效发电。

三、回热加热系统与发电机冷却系统的经济运行

在火电厂的汽轮机运行中，回热加热系统和发电机冷却系统是两个关键的辅助系统。它们不仅对提高汽轮机的热效率和运行稳定性起着重要作用，还直接影响到火电厂整体的经济效益。通过合理设计、优化运行和有效维护，可以大幅减少能耗，提高设备使用寿命，降低运行成本。探讨回热加热系统和冷却系统的经济运行策略，具有显著的现实意义。

（一）回热加热系统的经济运行

回热加热系统的主要功能是通过将部分汽轮机排汽引入加热器对锅炉给水进

行加热，从而减少燃料消耗，提升汽轮机的循环热效率。在回热加热系统中，汽轮机各级的抽汽加热器通过逐级提高给水温度，有效降低蒸汽冷凝时的热损失，使得锅炉的燃料利用效率显著提高。回热加热系统的经济运行不仅仅依赖于其基础设计，还需要合理的运行调度和控制。

优化抽汽量是回热加热系统经济运行的关键，抽汽量过大会导致主汽轮机的输出功率下降，降低整体效率；而抽汽量过小，则无法充分利用回热加热系统的节能潜力。必须根据汽轮机的负荷情况、环境温度和运行工况，合理调整抽汽量，以确保回热加热系统在最佳工作区间运行。

加热器的维护和管理对于提高系统的经济性同样至关重要，加热器内的换热管道常常会因水垢沉积或腐蚀等问题导致换热效率降低，进而影响整体回热效果。定期对加热器进行清洗、检测和维修，可以有效提高设备的传热效率，减少系统能耗。合理的运行参数设置，如加热器的压力和温度控制，能够避免因操作不当引发的能量损失。

（二）发电机冷却系统的经济运行

发电机冷却系统的主要任务是确保发电机在高负荷、长时间运行的条件下，保持合理的温度范围，防止过热导致的设备损坏或效率下降。发电机冷却系统的运行效率直接影响发电机的寿命和能耗，因此在实际运行中，经济性与安全性并重。

不同类型的发电机冷却系统有着各自的运行特点，但无论是空气冷却、氢气冷却还是水冷系统，都面临着冷却介质流动阻力、温度梯度不均匀以及能量损失等问题。为了实现经济运行，应根据发电机的负荷和环境条件，灵活调节冷却介质的流量与温度，避免不必要的能量损耗。

发电机冷却系统的经济运行还取决于其密封性和介质的管理，对于氢气冷却系统，氢气的泄漏不仅会增加系统的运行成本，还会引发安全隐患。确保密封系统的完好性，定期检查并修复泄漏点，是经济运行的重要环节。冷却介质的纯度和温度控制也至关重要，保持适当的介质温度和纯度水平，可以有效减少能耗和提高冷却效果。

通过精确控制冷却介质的流量、温度以及系统的密封管理，发电机冷却系统可以实现高效且经济的运行，从而延长设备使用寿命，降低日常运行成本，提升发电厂的整体经济效益。

（三）回热加热系统与发电机冷却系统的协同优化

在汽轮机的运行过程中，回热加热系统和发电机冷却系统相互配合，协同作用于整个发电过程的能量管理。合理的回热加热不仅能够有效提高给水温度、减少燃料消耗，还能够在一定程度上降低发电机的热负荷，减轻发电机冷却系统的压力。相应地，发电机冷却系统的高效运行则能够确保发电机在高效回热加热条件下维持稳定的输出，防止过热对汽轮机的长时间运行造成负面影响。

在实际运行中，协同优化这两大系统的经济性，不仅要求对各自系统内的参数进行调整，还需要考虑两者之间的互动关系。回热加热系统的抽汽量调整，根据发电机的实际负荷和冷却需求进行综合优化，确保在达到最佳加热效果的同时，不会对发电机冷却系统施加过多负担。冷却系统的优化，则通过适时调节冷却介质的温度和流速，降低发电机内部热量积累，提高整个发电系统的稳定性和经济效益。

在设备维护方面，回热加热器和发电机冷却设备的联合管理也尤为重要。定期对设备进行检测、清洗和维护，不仅可以提高单个系统的效率，还能通过提升协同效率进一步降低能耗，延长设备使用寿命。回热加热器内部的水垢沉积会降低传热效率，从而增加发电机的负荷；发电机冷却系统的管道堵塞或泄漏也会影响回热加热效果，通过有效的设备联合管理，可以将这些问题的影响降至最低。

回热加热系统与发电机冷却系统是火电厂汽轮机运行中不可或缺的组成部分，它们对提升发电效率、减少能耗和降低运行成本起着至关重要的作用。火电厂通过合理优化回热加热系统的抽汽量、精确调节加热器运行参数、强化设备维护管理，能够显著提升回热加热系统的经济性。而通过对发电机冷却系统的冷却介质流量、温度和密封性能的科学调控，则可以确保发电机在高负荷运行条件下的安全性和经济性。

第四节　真空系统与润滑油系统

一、真空系统的构成与功能

在火电厂汽轮机的运行过程中，真空系统是保障汽轮机高效工作的关键辅助系统之一。其主要任务是通过维持汽轮机排汽端的低压环境，提升蒸汽的膨胀效率，从而增加汽轮机的总功率输出和热效率。真空系统的设计和运行对火电厂的经济性具有重要影响，若真空度不足，将导致汽轮机的热效率下降，甚至造成设备损坏。理解真空系统的构成和功能，是保障汽轮机稳定、高效运行的基础。本节将详细论述真空系统的组成部分及其功能，以便在实际运行中对其进行有效管理与维护。

（一）凝汽器的作用与构成

真空系统的核心部件是凝汽器。凝汽器直接连接在汽轮机的排汽端，通过冷却蒸汽将其凝结为水，形成真空环境。凝汽器的主要作用是使排出的蒸汽迅速冷凝成水，这一过程不仅降低了排汽的压力，同时使循环水在较低温度下返回到锅炉系统，提高了热循环效率。凝汽器中的冷凝水温度越低，真空度越高，汽轮机的排气压力就越低，从而可以获得更高的蒸汽膨胀比，使蒸汽做更多的有用功。

凝汽器的结构通常包括管束、壳体、冷却水进口和出口，蒸汽通过管束外壁凝结为水，而冷却水则在管束内部流动，带走蒸汽冷凝时释放的热量。凝汽器的效率直接影响真空系统的整体效果，因此维持冷却水的流速和温度在适当范围内非常关键。若冷却水温度过高，凝汽效果下降，会导致真空度降低，从而影响汽轮机的输出功率。管束内的水垢和污垢也会影响传热效果，因此定期清洗和维护凝汽器非常重要。

（二）抽真空设备的作用

为了维持凝汽器内的真空环境，必须依靠专门的抽真空设备来排除凝汽器内的空气、二氧化碳和其他不凝性气体。这些气体会对凝汽器的真空环境造成破坏，降低系统的运行效率，抽真空设备的稳定运行对于整个真空系统的效果至关重要。

抽真空设备的类型主要包括机械真空泵和水环式真空泵。机械真空泵通过旋转叶片或活塞产生低压，排除不凝性气体；而水环式真空泵则利用旋转叶轮在水环中形成的压力差来完成气体的抽排工作。这两种泵各有优缺点，机械真空泵结构简单、维护方便，适用于较小的系统；水环式真空泵则能有效处理含有水蒸气的气体，适用于大中型火电机组。

除了抽真空设备的选择，保持设备的定期维护和保养同样至关重要。不凝性气体的堆积会降低抽真空效果，因此及时排放和处理这些气体，确保泵的正常工作状态，是维持系统高效运行的关键。若真空泵的抽气能力不足，会导致汽轮机的真空度下降，从而影响整体热效率，增加能耗，导致经济效益下滑。

（三）真空系统的密封性与维护

在真空系统的运行中，密封性是决定系统效率的另一个关键因素。真空系统必须保持高度密封，任何漏气都会导致系统内的真空度下降，影响汽轮机的热效率。系统的密封通常涉及凝汽器、抽真空设备及其连接管道和阀门等部分。如果这些部位出现密封不良，空气就会进入系统，破坏真空环境，进而影响汽轮机的工作效率。

为了确保真空系统的密封性，火电厂通常会在真空管道、阀门和接口处使用高质量的密封材料，并定期进行检测和维修。常见的密封问题包括阀门老化、密封垫损坏、焊缝裂缝等，这些问题都需要通过定期的检修和更换来解决。特别是在系统运行期间，实时监测真空度的变化，对于及时发现和修复漏气点尤为重要。

真空系统的密封性不仅影响系统的运行效率，也对系统的安全性产生影响。空气的进入导致汽轮机内冷凝水积聚或形成汽蚀现象，从而加速设备的损坏。保证真空系统的密封性，不仅有助于提高经济性，还能够延长设备的使用寿命，减少意外停机的风险。

（四）真空系统的运行监控与优化

在火电厂的日常运行中，真空系统的运行情况需要进行实时监控，以确保其维持在最佳工作状态。通过设置各种监控设备，可以对真空度、冷却水流速、冷却水温度以及抽气设备的工作状态进行全面监测，从而及时发现潜在的问题并进行调整。当冷却水温度升高时，系统可以自动增加抽真空设备的工作负荷，以维持合适的真空度。这样可以在保证汽轮机效率的同时，避免由真空度不足导致的燃料浪费和功率损失。

真空系统的优化调度同样是经济运行的关键，根据汽轮机的负荷变化情况，适时调整抽真空设备的工作状态，可以实现节能降耗。在低负荷运行时，适当减少抽真空设备的功率输出，可以避免不必要的能量消耗；反之，在高负荷运行时，增强抽真空能力，以保证汽轮机的排汽端始终维持较低的压力，从而实现高效运转。

通过运行监控与优化调度相结合，可以有效提高真空系统的经济性，减少能耗和维护成本。这不仅有助于提升火电厂的整体运行效率，还能在长期运营中降低设备损耗，延长系统的使用寿命。

真空系统是火电厂汽轮机运行中的核心组成部分，其主要功能是通过凝汽器和抽真空设备的协同作用，维持汽轮机排汽端的低压环境，从而提升蒸汽循环效率。凝汽器通过冷却排汽，创造低压真空环境，而抽真空设备则负责排除系统中的不凝性气体，确保真空度的稳定。系统的密封性是影响真空效果的关键因素，密封不良会导致系统效率下降、设备损坏。真空系统的经济运行不仅依赖于设备的选择和运行，还需要通过优化调度和定期维护来提高系统效率。通过实时监控真空系统的各项参数，调整抽真空设备的工作状态，火电厂可以在保障高效运行的同时，降低能耗，提升经济效益。真空系统的良好运行既是汽轮机高效工作的基础，也是实现火电厂节能降耗目标的重要手段。

二、润滑油系统的作用与要求

在火电厂汽轮机的运行过程中，润滑油系统是至关重要的辅助系统之一。其主要功能是为汽轮机的轴承和齿轮提供润滑和冷却，确保设备能够在高温、高速运转条件下正常工作。润滑油系统的设计、运行和维护直接影响汽轮机的安全性、经济性和可靠性。系统中的油品质量、油路设计、过滤设备和冷却装置等因素都会影响润滑效果，深入理解润滑油系统的作用及其运行要求，对于提高汽轮机的整体运行效率和延长设备使用寿命具有重要意义。

（一）润滑油系统的作用

润滑油系统在汽轮机的高效运行中发挥着不可替代的作用，润滑油通过在运动部件之间形成油膜，减少金属表面之间的直接接触，从而降低摩擦阻力和机械磨损。汽轮机在运行时，通常其转速极高，如果没有有效的润滑作用，轴承和齿轮等部件会因摩擦产生大量热量，导致设备损坏甚至发生严重的机械故障。润滑油系统的稳定运行，能够确保汽轮机各部件在极端条件下也能正常运转，延长设备使用寿命，减少非计划停机时间。

润滑油的冷却功能同样重要，汽轮机在高负荷运行时，摩擦部件会产生大量的热量，如果这些热量不能及时散发出去，将导致润滑油温度过高，进而影响润滑效果。润滑油系统通常配备有冷却装置，通过循环油流将多余的热量带走，保持润滑油温度在合理的工作范围内，防止由过热导致的油品劣化和润滑失效。

润滑油还起到清洁和防腐的作用，在汽轮机运行过程中，金属表面会有微小的磨损颗粒产生，颗粒如果不及时清除，会在轴承、齿轮等部位聚集，进一步加剧磨损。润滑油通过不断循环，将这些磨损颗粒带入过滤系统，确保工作部件的清洁度。润滑油中的添加剂还能有效防止金属表面的氧化和腐蚀，为汽轮机提供额外的保护层，进一步延长设备的使用寿命。

（二）润滑油系统的技术要求

润滑油系统的高效运行离不开对油品质量、系统设计和维护的严格要求，润滑油的选择需要满足汽轮机的工作条件，尤其是在高温、高压、高速的运行环境下，油品必须具备良好的热稳定性和抗氧化能力。润滑油应具有较高的黏度指数，以确保在温度变化较大时依然能够保持良好的流动性和润滑性能。润滑油的抗乳化性也是关键，因为润滑油在工作过程中难免会接触到冷却水，如果油水分离不彻底，乳化现象将会影响润滑效果，甚至导致油路阻塞。

润滑油系统的设计应充分考虑流量、压力和温度的控制，以确保润滑油能够均匀分布至所有需要润滑的部件。润滑油系统包括油泵、油箱、过滤器、冷却器、油路管道等组成部分，油泵负责将润滑油从油箱中抽出并加压送至各个润滑点，油路管道则将油液输送至轴承、齿轮等部位，再通过回油管返回油箱。为了确保系统的可靠性，油泵的设计必须具备一定的冗余能力，以便在一台油泵故障时，备用油泵能够及时启动，防止润滑油供应中断。

　　汽轮机在高负荷运行时，油液中会产生大量的磨损颗粒和杂质，这些杂质如果得不到有效过滤，会损坏轴承表面或堵塞油路，导致设备故障。润滑油系统必须配备高效的过滤器，并定期更换或清洗过滤器，保持油液的清洁度；过滤器的精度选择需要根据汽轮机的实际运行工况来确定，一般要求过滤器能够过滤掉大于 20 μm 的颗粒，以确保润滑油的纯净。

　　润滑油系统的冷却要求也是确保其高效运行的重要因素，润滑油在工作过程中会不断吸收摩擦产生的热量，如果不进行有效冷却，油温过高将导致润滑油黏度下降，进而影响其润滑性能。润滑油系统通常会配备冷却器，利用冷却水或空气将油温控制在设定范围内。冷却水的温度和流量需要进行精确控制，防止冷却效果不足或过度冷却导致油品流动性下降。

（三）润滑油系统的维护管理要求

　　为了确保润滑油系统长期稳定运行，定期的维护和管理是必不可少的。润滑油系统在长时间工作后，油品会逐渐老化，添加剂失效，润滑效果下降。需要定期检测油品的品质，包括黏度、酸值、含水量等指标，及时补充或更换润滑油，防止因油品质量问题导致的设备损坏。油品的更换周期应根据汽轮机的运行工况和油品的劣化速度来确定，过长的更换周期会增加设备磨损风险，而过短的周期则会增加运行成本。

　　润滑油系统的管道、油泵和过滤器等部件也需要定期检查和维护，管道的密封性必须确保良好，防止漏油现象发生，特别是在高温高压的工作环境下，管道的磨损和老化问题更加突出。油泵作为系统的核心设备，其运行状态对系统的正常工作至关重要，定期检查油泵的工作压力和流量，及时更换老化或损坏的零部件，可以有效避免润滑中断或油泵故障导致的设备停机。过滤器的清洗和更换频率也应根据运行环境中的杂质情况进行调整，确保系统内油液的清洁度。

　　系统的温度监控和冷却管理同样不能忽视，过高的油温不仅会影响润滑效果，还会导致油品加速氧化，缩短使用寿命。润滑油系统中的温度传感器应保持灵敏，定期校准，以确保温度控制系统能够准确调节冷却器的工作状态，防止油温过高或过低的情况发生。

润滑油系统在火电厂汽轮机的高效、安全运行中起着关键作用，不仅通过减少摩擦和磨损，延长汽轮机各部件的使用寿命，还通过冷却作用防止设备过热，确保设备的正常运转。润滑油系统的技术要求包括对油品质量、系统设计以及维护管理的严格控制。选择高品质的润滑油、设计合理的系统流路、加强过滤和冷却设备的维护管理，是确保润滑油系统高效运行的基础。通过科学的管理和定期维护，润滑油系统能够为汽轮机的经济运行提供有力保障，同时减少非计划停机，降低运行成本。

三、真空系统与润滑油系统的经济运行策略

在火电厂汽轮机的经济运行中，真空系统与润滑油系统的高效管理是确保设备运行稳定、提高热效率及降低能源消耗的关键环节。真空系统主要通过降低汽轮机排汽压力，增加蒸汽膨胀效率，从而提高发电效率；而润滑油系统则通过减少摩擦、冷却和清洁，保障设备的正常运转与寿命。这两个系统的有效运行直接关系到火电厂的经济效益和能源利用率。优化真空与润滑油系统的运行策略，不仅能够减少能耗，还能提升设备的可靠性和寿命，从而降低维护成本。

（一）真空系统的经济运行策略

真空系统的经济运行依赖于对真空度的合理控制和系统运行状态的优化，维持汽轮机凝汽器内的低真空状态有助于提高汽轮机的效率，但过高的真空度会增加抽真空设备的能耗，导致整体能效下降。

合理调节真空度是首要的策略，在凝汽器冷却水温度较低的情况下，适度提高真空度可以有效提升汽轮机的效率。但当环境温度较高、冷却水温升高时，过高的真空度将导致抽汽设备负荷增加，能耗随之上升。根据外部环境和运行负荷，动态调节真空度，有助于节约能源并确保系统稳定运行。动态调节的过程通常通过自动控制系统实现，根据凝汽器的排汽压力和冷却水温度，自动调整真空泵的运行状态，维持适当的真空度。

真空泵的优化运行同样重要，火电厂通常配备多个真空泵，其中一些为备用泵。在低负荷或冷却条件较好的情况下，可适当减少真空泵的工作数量，以降

低能耗；在高负荷时，增加真空泵的使用，以确保汽轮机的排汽端维持在合理的低压状态。真空泵的维护和密封性管理直接影响其工作效率，以确保泵体密封良好，防止外部空气进入系统，可以减少真空泵的负荷，降低能耗。定期对真空泵进行检修和保养，及时更换密封件，是保障其高效运行的必要手段。

冷却系统的管理也是影响真空系统经济运行的重要因素，冷却水的温度直接决定凝汽器内的真空度，过高的冷却水温度将导致真空度下降。降低冷却水的进水温度，或提高冷却塔的换热效率，有助于改善真空系统的运行效果。在冷却系统中，水质管理至关重要，水垢和污染物会降低换热效率，从而影响真空度。定期清洁冷却水管道和凝汽器，保持换热面的清洁，可以显著提高冷却效果，优化真空系统的经济性。

（二）润滑油系统的经济运行策略

润滑油系统的经济运行同样需要在性能与能耗之间寻求平衡，润滑油系统不仅负责减少摩擦、降低设备磨损，还通过带走摩擦产生的热量来冷却设备。系统的能耗主要来自油泵、冷却装置以及维持润滑油品质的设备。

润滑油泵的运行负荷应根据实际需要进行调节，油泵的主要任务是将润滑油输送至汽轮机的各个润滑点，但在低负荷运行时，油泵的流量需求减少，若仍保持高负荷运行，不仅增加能耗，还导致润滑油温度过高，影响润滑效果。在汽轮机负荷较低时，适当调节油泵的输出功率，减少不必要的油流量，能够显著节省电能。

润滑油的温度控制对经济运行至关重要，润滑油系统通常配备有冷却装置，通过将润滑油的温度维持在最佳工作范围来保证系统的稳定性。过度冷却不仅会增加冷却设备的能耗，还会导致油温过低，增加摩擦阻力；根据设备的实际温度需求，合理控制冷却器的工作状态，有助于减少不必要的冷却能耗。适当提高油温在允许的范围内，不仅能减少冷却设备的能耗，还能改善润滑油的流动性，提升系统的润滑效果。

润滑油的质量管理是确保润滑系统经济运行的另一重要环节，润滑油在长期运行过程中会受到污染，产生杂质或变质，影响润滑效果。定期对润滑油进行取样分析，检测其黏度、酸值、含水量等指标，能够及时发现问题，避免设备磨损加剧或故障的发生。通过适时更换或过滤润滑油，可以延长油品的使用寿命，减少润滑油的消耗成本。过滤设备的定期维护也不可忽视，保持过滤器的清洁和良好状态，有助于提高润滑油的纯净度，确保系统的高效运行。

润滑油系统的经济运行还应考虑设备的维护和检修，润滑油系统的管道、油泵、冷却器等设备在长时间运行后，会出现老化或损坏，导致系统效率下降。定期检查和维修这些关键部件，不仅可以预防设备故障，还能保持系统的正常运行状态，避免由设备损坏导致的额外能耗和经济损失。特别是在润滑油冷却器的维护中，清除冷却水管道中的水垢或堵塞物，保持换热面的清洁，可以显著提高冷却效率，减少冷却能耗。

真空系统与润滑油系统是火电厂汽轮机经济运行中的重要组成部分，真空系统的经济运行策略应聚焦于合理调节真空度、优化真空泵的使用以及冷却系统的管理。通过控制真空度、减少真空泵的能耗，并加强冷却水的管理，可以有效提升真空系统的运行效率，降低整体能耗。润滑油系统的经济运行则依赖于合理调节油泵负荷、控制润滑油温度以及定期维护设备。通过优化润滑油的流量和温度，保持油品质量，润滑油系统可以在保障设备安全运行的同时，实现能耗的最小化。

第三章　汽轮机的运行状态与运行维护

第一节　汽轮机的启动状态分析

一、汽轮机启动前的准备工作

火电厂汽轮机的启动是一项复杂且关键的操作，其直接影响着设备的运行安全和整体效率。在启动之前，必须进行充分的准备工作，以确保设备状态良好、系统参数符合要求、所有辅助设备正常运行。汽轮机作为核心发电设备，其启动过程中的每一个环节都需要高度重视，任何疏忽都会引发严重的机械故障或效率损失。启动前的准备工作对于保障汽轮机的安全高效运行至关重要，本节将从设备检查、系统参数调整、辅助设备的运行情况等方面详细分析汽轮机启动前的准备工作。

（一）设备的状态检查

在汽轮机启动前，设备状态检查是确保其安全启动的基础环节。在这一过程中，技术人员需要对汽轮机的主要部件进行详细的检查，确保其处于良好状态，能够承受启动过程中的热应力和机械应力。

汽轮机的转子和定子是检查的重点，启动过程中，转子的高速旋转与定子之间的间隙必须保持在合理范围内，以避免摩擦或碰撞。技术人员需检查转子是否存在弯曲或磨损现象，并确保定子的固定结构稳定，避免运行过程中发生机械故障。轴承是转子稳定运行的关键，检查轴承的润滑油供应是否正常、油温和油压是否符合要求，以防止启动后因润滑不良导致轴承过热或磨损加剧。

热膨胀装置的状态需要重点关注，汽轮机在启动过程中会经历从冷态到热态的变化，设备的热膨胀将直接影响其各部件的配合和运行稳定性。技术人员需检查膨胀间隙和膨胀标尺，确保膨胀装置能够正常运行，避免因膨胀不均匀导致的部件受力不均或损坏。

冷却系统的检查同样至关重要，启动过程中，冷却水的流量、压力和温度必须保持在设定范围内，以确保设备的温度在安全区间内变化。凝汽器和冷却管道的通畅性、冷却水质的洁净度也应得到确认，以防止启动后发生冷却不良或堵塞现象，导致设备过热损坏。

（二）系统参数的调整与校核

在设备状态检查完成后，启动前的准备工作还需对汽轮机的各项运行参数进行细致调整和校核。参数包括温度、压力、转速等，确保它们在汽轮机启动时保持在设计的安全范围内，避免出现过载、过热或参数失控的情况。

蒸汽参数的设置尤为关键，在启动过程中，汽轮机的蒸汽供应必须从低压、低温逐渐过渡到正常工作状态，以避免设备受热不均。启动前，技术人员需要根据当时的环境温度和汽轮机的冷态或热态状态，设定适合的蒸汽压力和温度。蒸汽管道的预热工作需要提前完成，确保蒸汽进入汽轮机时不会造成管道或叶片的热冲击。

汽轮机的转速控制系统需要进行校核，汽轮机启动时，转速会逐渐从零增加至额定值，这一过程要求转速控制系统能够精确调节，避免转速过快或过慢导致的机械应力不均。启动前，技术人员检查转速传感器的灵敏度和准确性，以确保其反馈的数据真实可靠。转速控制器的调节机制需要经过测试，确认其在启动过程中能够及时响应，保持转速平稳增加。

电气系统的参数调整也非常重要，发电机的励磁电流、母线电压和电流保护装置需要提前设置和校核，以确保发电机在汽轮机启动后能够正常并网发电。发电机的励磁系统需要根据启动时的负载情况进行调整，防止发电机在汽轮机转速未达到额定值时产生过电流或过电压现象。

（三）辅助设备的运行准备

汽轮机启动前，辅助设备的运行准备同样不可忽视。辅助设备包括油泵、真空系统、冷却系统和排汽系统，它们的正常运行是保证汽轮机顺利启动的前提条件。

润滑系统的运行状态必须得到确认，汽轮机的高速运转依赖于良好的润滑系统，启动前，润滑油泵需要提前启动，确保各润滑点有足够的润滑油供应。油压和油温也需保持在规定范围内，避免油温过高或油压不足导致的润滑失效。油泵的运行声音和振动情况也应受到监控，确保其工作稳定可靠。

真空系统的准备工作对于汽轮机启动至关重要，凝汽器必须在启动前达到设计的真空度，以确保汽轮机排汽能够顺利进入凝汽器，从而实现蒸汽循环。真空泵应提前启动，排除凝汽器内的空气和不凝性气体，确保系统内的真空度符合要求。真空表的读数应及时记录，并与标准参数进行比较，若真空度不足，需立即排查系统的密封性问题。

冷却系统的准备工作需要在启动前完成，冷却水泵应提前运行，确保冷却水的流量和压力满足汽轮机启动时的冷却需求。冷却塔和冷凝器的通风系统也应提前检查，确保其运行正常，不会在启动后因冷却不良导致设备温度异常升高。冷却水的水质也需经过检测，避免杂质或腐蚀性物质对管道和设备造成损坏。

排汽系统的准备工作也不能忽视，汽轮机启动过程中，蒸汽会通过排汽系统进入凝汽器，因此排汽系统的畅通性和密封性至关重要。启动前需检查排汽管道的阀门是否处于正确位置，排汽口是否有异物堵塞，并确认排汽管道的密封性能是否良好，防止蒸汽泄漏。

汽轮机的启动是火电厂运行中的关键步骤，而启动前的准备工作则是确保启动顺利进行的重要保障。通过对设备状态的详细检查、对系统参数的校核以及对辅助设备的运行准备，能够有效降低汽轮机启动过程中出现故障的风险，确保设备安全稳定地进入正常工作状态。设备检查应着重于转子、定子、轴承、膨胀装置以及冷却系统，确保各部件处于良好状态；系统参数的调整应确保蒸汽参数、转速控制和电气系统的协调匹配；辅助设备的准备工作包括润滑油系统、真空系统、冷却系统和排汽系统的全面检查和测试。通过一系列准备措施，汽轮机的启动过程将更加平稳、高效，有助于提高火电厂的整体经济效益和运行安全性。

二、汽轮机的启动过程与注意事项

汽轮机的启动过程是火电厂运行中的关键环节，它不仅决定设备是否能顺利进入正常工作状态，也对汽轮机的使用寿命和运行效率产生重要影响。在启动过程中，涉及的温度、压力、转速等各项参数需要精确控制，任何环节的操作不当都会引发设备损坏或系统失效。因此，全面理解汽轮机的启动过程以及其中的注意事项，是保证汽轮机安全、经济运行的必要前提。以下将从汽轮机的启动步骤、关键环节的操作规范以及启动过程中的注意事项三个方面进行详细分析。

（一）汽轮机的启动步骤

汽轮机的启动分为冷态启动、温态启动和热态启动三种模式，具体选择哪种启动模式取决于汽轮机的停机时长和设备状态。无论选择何种启动方式，其基本过程大致相同，都包括预热、升速、同步并网等几个主要步骤。

启动前的预热是启动过程中的第一步，预热过程的主要目的是使蒸汽管道、汽轮机本体等设备逐渐升温，避免因温差过大引起热膨胀不均，从而导致部件变形或损坏。在预热过程中，技术人员缓慢引入低压、低温蒸汽，逐步加热系统，确保各部件的温度均匀上升。预热的时间和蒸汽参数应根据汽轮机的冷态、温态或热态状态进行合理调整，预热过程一般需要持续数小时至十几小时不等。

在预热完成后，汽轮机进入升速阶段。升速过程由汽轮机的调速器控制，通过调节进入汽轮机的蒸汽流量，逐步提升转速，直至达到额定转速。在这一过程中，转速的提升必须缓慢而平稳，以避免因转速过快导致的机械应力过大，从而引发设备故障。在升速过程中，技术人员应密切监控转速表、轴承温度以及振动等关键参数，确保设备在安全范围内运行。

升速完成后，汽轮机将进入同步并网阶段。在这一阶段，汽轮机的转速已经达到额定值，发电机准备与电网同步并网发电。技术人员需调整发电机的励磁电流和母线电压，确保与电网的电压和频率一致。在确认同步条件符合要求后，通过合闸操作实现汽轮机与电网的并网发电。并网后，汽轮机的负荷逐渐增加，进入正常运行状态。

（二）关键环节的操作规范

在预热过程中，蒸汽温度和压力的调节需要格外注意；低压、低温蒸汽应逐步引入系统，避免瞬时蒸汽冲击造成的管道或设备损坏。技术人员需要定期检查蒸汽管道的膨胀情况，确保热膨胀装置工作正常，防止因温度不均导致的部件应力过大。预热期间的冷却系统也需提前启动，确保设备在升温过程中，温度控制在合理范围内，避免局部过热现象。

在升速过程中，调速器的调节是关键。调速器通过精确控制蒸汽的进汽量，确保汽轮机的转速平稳上升。技术人员应时刻关注调速器的工作状态，防止调速器失灵导致的转速异常。升速期间，转子的振动幅度是另一个需要监控的重要参数。如果振动幅度超过规定范围，立即停机检查，以免引发更为严重的机械故障。

升速完成后进入同步并网阶段时，操作人员必须严格按照同步操作规程进行。发电机的励磁电流和电压调整需要与电网保持一致，任何不匹配都会导致并网失败或引发电气故障。在合闸操作前，确认各项电气参数满足并网条件，合闸后也应密切监控发电机的电压和电流，确保其稳定输出。

（三）启动过程中的注意事项

在预热阶段，汽轮机及其附属设备的温度控制至关重要。快速升温会导致热膨胀不均，增加设备的机械应力。技术人员在操作时应密切监控各个温度传感器的数据，特别是蒸汽管道、汽缸和转子的温度变化，确保温升过程缓慢、均匀；在冷态启动时，预热时间应适当延长，以避免温差过大带来的安全隐患。

升速阶段的振动监控是启动过程中的另一个重点，在转速逐渐增加的过程中，任何微小的不平衡或机械磨损都会引发振动。过大的振动不仅会影响汽轮机的运行稳定性，还对轴承和转子造成严重损坏。技术人员需要使用振动监控设备，实时监测转子的振动幅度；一旦振动幅度超过安全范围，应立即停机检查，查找振动原因并进行修复。

同步并网阶段的电气安全性必须高度重视，操作人员需要确认发电机与电网的电压、频率和相位一致，任何细微的差异都会引发电气设备损坏或系统故障。并网后，负荷增加逐步进行，防止突然的负荷变化对设备造成冲击；并网后要密切关注发电机的功率输出情况，确保其在额定功率范围内平稳运行。

冷却系统在整个启动过程中的稳定性也是重要的注意事项，冷却水的流量、温度和压力必须在启动前和启动过程中保持在设计范围内，防止设备因冷却不足而过热；在冷态启动时，特别要注意设备的热胀冷缩效应，避免因冷却不当导致的设备变形或应力集中。

汽轮机的启动过程是火电厂运行中的关键环节，需要严格遵守操作规范和技术要求。通过预热、升速、同步并网等步骤，汽轮机能够逐步进入正常运行状态。在启动过程中，技术人员需要密切关注蒸汽参数、设备温度、转速以及电气系统的各项指标,确保设备在启动时的安全性和稳定性。预热阶段的温度控制、升速阶段的振动监测以及同步并网阶段的电气安全管理,是启动过程中的核心环节。在这些环节中,任何操作不当都会导致设备故障或效率下降。启动前的准备工作、操作中的精确控制以及各系统的协调配合,都是保证汽轮机经济、高效、安全启动的必要条件。

三、启动状态对汽轮机经济性的影响

汽轮机启动状态不仅是决定设备是否能够顺利进入正常运行的重要环节,更直接关系到火电厂的经济效益。不同的启动状态(冷态启动、温态启动、热态启动)对汽轮机的能耗、运行效率、设备寿命等方面有着不同的影响。这些影响不仅体现在启动过程中的能源消耗上,还会对长期的运行成本、维护费用和设备可靠性产生深远的作用。

(一)启动能耗的影响

启动能耗是汽轮机启动过程中直接影响经济性的首要因素,汽轮机启动过程中需要消耗大量的燃料和电能,尤其在冷态启动时,整个设备从低温状态逐渐升温,耗费的能量比热态或温态启动要多得多。冷态启动不仅需要更长的预热时间,还需要更多的蒸汽来加热系统各部件,使它们达到安全运行的温度。

在冷态启动中,由于设备完全冷却,预热过程中要消耗额外的蒸汽用于加热管道、汽缸和转子,使其达到均匀的温度。这一过程中的热能损失较大,特别是蒸汽进入冷却的金属部件后迅速凝结,导致系统需要不断补充蒸汽,增加启动能耗;而在温态启动和热态启动时,设备尚未完全冷却,预热时间较短,所需的蒸汽量也相对较少,因此能耗大幅减少。

启动过程中的辅助设备运行也会对整体能耗产生影响,在冷态启动中,真空系统、润滑系统、冷却水系统等辅助设备必须长时间运行,以确保在预热和升速过程中设备的各项参数保持在安全范围内。辅助系统的长时间工作也会增加电能消耗,进一步提升启动过程中的能耗总量。从启动能耗的角度来看,冷态启动的经济性较差,而温态启动和热态启动则更具优势。

(二)设备磨损的影响

设备的磨损是启动过程中影响汽轮机经济性的另一个关键因素,汽轮机启动时,各部件在温度、压力和转速的快速变化下,会经历较大的机械应力和热应力,这些应力对设备的寿命有直接影响。不同启动状态下的温度差异和升温速度,会对设备的磨损情况产生不同的影响。

冷态启动过程中,汽轮机的温度从环境温度逐渐上升至工作温度,设备在这个过程中会经历较大的热膨胀。由于冷态启动时部件温差较大,金属材料会产生不均匀的热膨胀,容易导致部件的热疲劳加剧。尤其是在汽缸和转子等关键部件上,温度不均匀会产生较大的热应力,增加部件损坏或变形的风险。频繁的热应力波动会加速设备的老化,缩短其使用寿命,从而增加维护成本和设备更换的频率。

相较之下,温态启动和热态启动时,由于设备尚处于较高的温度状态,启动过程中部件的温差较小,热应力相对较低,设备的膨胀和收缩更为均匀。

在升速阶段,设备的转速从静止逐渐增加到额定值,轴承、转子和其他旋转部件会受到较大的机械应力。如果在启动过程中操作不当,升速过快或过慢,都会加剧机械部件的磨损。冷态启动时,由于设备温度较低,润滑油的流动性较差,轴承的润滑效果不佳,容易造成轴承磨损。而在温态和热态启动时,润滑油已经达到了合适的工作温度,润滑效果较好,能够有效减少机械磨损。从设备磨损的角度来看,温态和热态启动的经济性优于冷态启动。

(三)启动时间的影响

启动时间长短是影响汽轮机经济性的重要因素之一,启动时间越长,设备从启动到并网发电的时间间隔越大,影响火电厂的整体发电效率和经济效益。不同的启动状态对启动时间的影响主要体现在预热时间、升速时间以及并网时间上。

冷态启动通常需要较长的预热时间,由于设备完全冷却,预热过程必须缓慢进行,避免设备受到热冲击而引发故障。这一过程需要数小时至十几小时,视汽轮机的规模和环境温度而定。在此期间,火电厂无法发电,造成电力供应的延迟,并增加了整体运营成本。

温态启动和热态启动由于设备尚未完全冷却,预热时间大大缩短。尤其是在热态启动中,设备温度接近正常运行温度,几乎不需要预热,启动时间可以大幅缩减。

启动时间的长短还影响到辅助设备的运行时长，冷态启动时，辅助设备如真空泵、冷却水泵、润滑油泵等必须长时间运行，以维持系统的稳定和安全。随着启动时间的延长，这些设备的电能消耗也会显著增加，进一步降低启动的经济性。而在温态和热态启动中，由于启动时间较短，辅助设备的运行时长相应减少，能耗得以降低，从而提升了整体的经济效益。

汽轮机的启动状态对其经济性有着显著影响，冷态启动由于预热时间长、能耗高、设备磨损严重，经济性相对较差。温态启动和热态启动则具有较高的经济性，因为它们能够缩短启动时间，减少能耗，并降低设备的机械磨损。在实际运行中，合理选择汽轮机的启动状态，并采取有效的运行管理和维护措施，能够显著提高火电厂的整体经济效益。从启动能耗、设备磨损和启动时间三个方面来看，温态和热态启动明显优于冷态启动。火电厂应尽量避免频繁的冷态启动，优化运行调度，保持设备在温态或热态下启动，最大限度地提升汽轮机的经济性并降低运行成本。

四、启动故障的预防与处理

汽轮机的启动过程是火电厂运行中的关键步骤，其安全性和稳定性直接关系到设备的正常运行及发电效率。在启动过程中，任何微小的故障都会导致设备的损坏或系统停机，严重时甚至会引发安全事故。预防和处理启动故障是保证汽轮机经济运行的重要内容。通过对常见启动故障的分析，并采取有效的预防措施，能够最大限度地减少设备故障的发生频率，从而提升汽轮机的启动成功率和运行效率。

（一）启动故障的预防措施

为了有效预防启动故障，必须在启动前对汽轮机进行全面检查和系统性准备，确保各项设备和参数都处于良好状态。启动故障的预防主要包括设备的维护保养、参数的精确调整以及启动过程中的监控和调节。

设备的日常维护保养是预防启动故障的基础，汽轮机的启动需要依赖多个复杂的机械部件和辅助系统的协同运作，任何一个环节的设备故障都会导致启动失败。润滑系统的维护至关重要，确保轴承、转子等部件在启动过程中得到充分的润滑，以避免因摩擦过热导致的机械故障。润滑油的质量和供油系统的流量、压力也必须定期检查，防止启动时出现润滑不良的情况。冷却系统的维护同样不可忽视，冷却水管道、冷却泵和冷凝器等设备需要定期清洁与保养，以保证启动过程中冷却效果的稳定。

系统参数的精确调整是防止启动故障的另一重要措施，启动前的预热、升速及同步并网过程中，各项运行参数（如温度、压力、转速等）需要严格控制在设计范围内。蒸汽的压力和温度必须根据汽轮机的启动状态进行合理设置，避免过大的温差或压差对设备造成冲击。转速控制系统必须进行校准，确保转速在升速阶段逐步增加，避免因转速过快或过慢而产生机械应力，进而引发设备故障。

启动过程中对设备的实时监控和调节是预防故障发生的关键，通过安装一系列温度、压力、振动等传感器，技术人员可以随时掌握汽轮机的运行状态。一旦某个参数出现异常，操作人员能够及时采取调整措施，防止故障进一步恶化。

（二）常见启动故障的处理方法

尽管在启动前采取了全面的预防措施，故障在实际操作中仍会不可避免。掌握常见启动故障的处理方法，对于及时恢复汽轮机正常运行至关重要。启动过程中常见的故障主要包括润滑系统故障、冷却系统故障、蒸汽供应异常和转速波动等（表3-1）。

如果润滑系统出现故障，油压不足或油温过高，轴承和转子将无法得到有效的润滑，导致设备摩擦增加，甚至发生卡死现象。一旦出现润滑不良的情况，技术人员应立即停机检查，确认润滑油泵的工作状态、油路是否畅通、润滑油的质量是否符合标准。如果是油路堵塞或滤网被杂质堵塞，应及时清理和更换过滤器，确保油路通畅。若润滑油品质不达标，应及时更换合适的润滑油，并对油箱和油路进行清洗。

冷却水的流量或温度异常将影响汽轮机启动时的热平衡，造成过热或冷却不足。一旦发现冷却系统不能正常运行，技术人员应检查冷却水泵是否运转正常，确保冷却水管道无堵塞现象。如果是冷凝器积垢导致冷却效率下降，需立即清洗冷凝器管道，恢复冷却效果。对于冷却水温度过高的问题，可调整冷却塔的工作状态，增加冷却水的循环量或降低冷却水的进水温度。

蒸汽的压力或温度波动过大，会对汽轮机造成热冲击，导致叶片受损或管道爆裂。一旦出现蒸汽参数异常，技术人员应立即检查锅炉的蒸汽供给状态，确保蒸汽参数符合启动要求；如果锅炉的燃烧系统出现问题导致蒸汽温度过低或过高，应调整燃烧器的火力，保持蒸汽供应的稳定性；蒸汽管道的阀门状态也应检查，确认蒸汽流量的控制精确无误。

如果转速出现异常波动，则是调速系统失灵、负载变化或轴承润滑不良所导致。在处理转速波动时，技术人员应检查调速系统是否灵敏，调速器是否按照设定的程序工作。如果是调速系统的问题，需及时调整调速器的控制参数，确保其响应灵敏；同时检查负载变化情况，防止负载过大导致的转速不稳。若转速波动伴随着设备振动增加，则可能是润滑问题，应对润滑系统进行排查和处理。

表3-1　常见启动故障的处理方法

启动故障	故障描述	处理方法
润滑系统故障	润滑油压力或流量不足，导致轴承或转子润滑不良，摩擦加剧	检查润滑油泵是否正常工作，清理或更换过滤器，确保油路通畅；更换润滑油
冷却系统故障	冷却水流量不足或冷却效率降低，导致汽轮机过热	检查冷却水泵及管道是否堵塞，清洗冷凝器，提高冷却效率
蒸汽供应异常	蒸汽压力或温度异常，导致汽轮机无法正常启动	调整锅炉蒸汽参数，检查蒸汽管道阀门，确保蒸汽流量稳定
转速波动	汽轮机升速过程中，转速不稳或出现波动，影响安全	检查调速器工作状态，确保转速控制正常，检查负载是否稳定
轴承过热	轴承温度过高，是润滑不良或轴承损坏导致	检查润滑系统，确保润滑油供应正常，必要时更换轴承
真空度不足	凝汽器内真空度不够，影响汽轮机排汽，导致效率下降	检查真空泵的工作状态，排查管道是否泄漏，确保凝汽器和真空系统正常

（三）故障处理中的注意事项

安全性必须放在首位，汽轮机启动故障往往伴随着高温、高压环境，任何不当操作都有可能造成二次事故或设备损坏。在处理故障时，技术人员应严格按照操作规程进行，尤其是在停机处理故障时，必须确保设备完全断电并解除所有残余压力，避免人员伤害或设备进一步损坏。现场操作人员应配备合适的个人防护装备，防止高温蒸汽或润滑油泄漏对人员造成伤害。

故障排查应系统化，处理启动故障时，技术人员应避免盲目操作，而是根据故障现象，按照设备的结构和运行原理逐步排查故障原因。特别是在处理复杂的系统故障时，应从电气系统、机械系统和辅助系统等多方面进行排查，确保问题得到彻底解决，避免重复启动过程中故障再次发生。处理转速波动时，不仅要检查调速器，还应检查润滑系统和负载变化情况，确保所有引发问题的因素都被排除。

故障处理后的系统检查必不可少，在启动故障处理完成后，技术人员应对汽轮机及其相关系统进行全面检查，确保故障完全排除，设备运行状态恢复正常。在润滑系统故障处理完成后，需对轴承和转子的温度、振动情况进行检测，确保润滑效果恢复正常。还需检查相关传感器的工作状态，确保在后续的启动过程中，所有系统参数能够正常反馈。

汽轮机启动过程中的故障预防与处理是确保设备安全、高效运行的核心环节，通过对润滑系统、冷却系统和蒸汽供应等设备的日常维护，以及对启动参数的精确控制，能够有效预防启动故障的发生。掌握常见故障的处理方法，及时排除故障并恢复设备正常运行，是保证汽轮机稳定启动的必要措施。在故障处理过程中，技术人员必须注重操作的安全性，系统性排查故障原因，并在故障处理后进行全面检查，确保设备完全恢复，避免二次故障的发生。这些措施将有助于提高汽轮机的启动成功率，提升火电厂的整体经济效益。

第二节　汽轮机的停机状态分析

一、汽轮机停机的原因与分类

汽轮机的停机状态是火电厂运行中不可避免的一个重要环节，停机不仅影响到发电过程的连续性，还对设备的维护和整体效率有着直接的影响。深入分析汽轮机停机的原因和分类，有助于优化停机管理，提高停机过程中的维护效率，并减少非正常停机带来的经济损失。汽轮机的停机主要可分为正常停机和非正常停机两类，不同的停机类型反映设备运行状态和外部环境的变化。在实际生产中，了解并掌握汽轮机的停机分类和具体原因，对于提高火电厂的经济效益和设备使用寿命至关重要。

（一）正常停机的原因与分类

正常停机是指在设备运行达到一定的运行周期后，按照计划和操作规范进行的有序停机。这类停机通常是为了维护、检修或设备的定期保养，目的是确保设备的安全性和可靠性，防止长期运行导致的设备磨损或性能下降。正常停机的原因多样，主要包括计划性维护停机、季节性停机以及负荷调整停机等（表3-2）。

计划性维护是正常停机最常见的原因，汽轮机长时间运行后，各个部件会出现不同程度的磨损、老化，甚至产生积垢等问题，这些现象将导致汽轮机的效率下降，甚至引发更为严重的机械故障。火电厂通常会定期安排停机进行维护和检修，包括对转子、轴承、密封装置和冷却系统的全面检查以及更换磨损部件。有计划地维护停机，可以有效避免非计划停机的发生，减少设备故障率，延长设备的使用寿命。

季节性停机通常发生在用电需求较低的季节，如春秋季节。当电力需求下降时，火电厂的负荷也相应减少，此时会选择部分设备进行停机。通过这种方式，火电厂可以降低不必要的运行成本，同时安排设备的检修工作。这类停机的特点具有较强的灵活性，停机时间相对可控，有助于火电厂的整体负荷调节和能源管理。

负荷调整也是正常停机的重要原因之一，火电厂的发电负荷受到电网需求的直接影响。当电网的负荷需求变化较大时，火电厂会根据实际情况调整发电机组的运行数量和发电负荷。当电网负荷下降到一定程度时，部分汽轮机机组会进入停机状态，以节约燃料和运营成本。负荷调整性的停机是火电厂经济运行策略的一部分，能够通过动态调整设备运行状态来优化资源利用。

表3-2 正常停机的原因与分类

停机类型	停机原因	停机特点
计划性维护停机	为进行设备定期检修、维护和更换磨损部件，确保设备的长时间安全运行	有计划、有周期，停机时间和范围可控

续表

停机类型	停机原因	停机特点
季节性停机	根据电力需求，通常在用电淡季（如春秋季节），火电厂减少设备运行，进行季节性检修	灵活安排，停机时间较长，用于深度检修
负荷调整停机	根据电网负荷的变化，减少部分设备运行，以优化资源使用和降低发电成本	根据负荷需求灵活停机，时间不固定，主要在低负荷时进行

（二）非正常停机的原因与分类

非正常停机，通常是指由于突发性故障、紧急情况或外部因素引发的未计划停机。这类停机对火电厂的经济效益和设备安全造成的影响较大，因此预防和减少非正常停机是火电厂运行管理中的重点。非正常停机的原因主要包括设备故障、安全事故和外部条件变化等（表3-3）。

设备故障是引发非正常停机的最主要原因之一，汽轮机的核心部件在长期高负荷、高温、高压的运行条件下，会发生轴承损坏、转子不平衡、润滑系统失效或冷却系统异常等问题。这些问题如果不能及时发现并处理，会导致设备突然停机。设备故障不仅会中断发电过程，还会对设备本身造成严重的损伤，甚至需要长时间的修复，带来额外的经济损失。定期的设备检查和维护至关重要，可以有减少由于设备故障引发的非正常停机。

安全事故也是导致非正常停机的一个重要原因，火电厂的运行环境复杂，涉及高温、高压和易燃易爆材料，任何操作失误或设备异常都会引发安全事故。蒸汽泄漏、油气泄漏、电气系统短路或火灾等事故，都会导致设备紧急停机。为避免此类非正常停机，火电厂必须加强安全管理，严格遵循操作规范，并定期对安全设施进行检查和测试，确保其能够在紧急情况下迅速启动和发挥作用。

外部条件变化，如供水、供气中断或电网故障，也是非正常停机的潜在原因之一。火电厂的运行依赖于稳定的水、气供应以及与电网的紧密连接。如果外部条件突然发生变化，特别是供水中断或燃料供应不足，汽轮机将无法继续运行，必须进行紧急停机。电网故障或电力需求的突然下降也会导致机组停机，这种情况下，虽然机组本身没有发生故障，但由于外部条件的变化，火电厂不得不对机组进行停机处理。

表3-3 非正常停机的原因与分类

停机类型	停机原因	停机特点
设备故障停机	由于轴承损坏、转子不平衡、润滑系统失效等设备故障引发停机	突发性故障导致停机，无计划，通常需要立即停机并进行检修
安全事故停机	因蒸汽泄漏、火灾、油气泄漏或电气故障等安全事故导致的紧急停机	涉及重大安全隐患，需要迅速采取紧急措施进行停机，处理时间较长
外部条件变化停机	受外部条件影响，如供水、供气中断或电网故障引发的停机	停机由外部条件变化引起，非设备内部问题，通常需等待外部问题解决后再恢复运行

汽轮机的停机状态可以分为正常停机和非正常停机两大类，正常停机通常是计划内的操作，目的在于通过定期维护、季节性调节和负荷调整，确保设备的长期稳定运行，优化资源利用。而非正常停机则是由于设备故障、安全事故或外部条件变化等突发情况引发的。这类停机往往对火电厂的生产效率和经济效益产生较大的负面影响，必须通过加强设备维护、严格安全管理和应急预案来减少其发生频率。从经济效益和运行安全的角度来看，火电厂应尽量减少非正常停机的发生，依靠严格的维护和管理制度，确保汽轮机的运行稳定性。合理安排正常停机时间，充分利用季节性负荷变化和电网需求波动，能够有效提高设备利用率，降低运营成本，从而实现汽轮机的经济运行目标。

二、停机过程中的操作要点

在火电厂的运行过程中，汽轮机的停机是一个需要高度关注的关键操作。停机过程的规范操作不仅能够保障设备的安全，还能有效延长汽轮机的使用寿命，同时避免因操作不当造成的设备损坏或经济损失。停机操作既要考虑到设备内部的热应力变化，又要防止因温度或压力骤变对设备造成不良影响。掌握停机过程中的操作要点，确保停机操作平稳、安全、有效，是每一位运行人员必须掌握的重要技能。以下将从停机前准备、减负荷操作、停机后的处理等方面，详细阐述停机过程中的操作要点。

（一）停机前的准备工作

在进行汽轮机停机操作之前，必须做好充分的准备，以确保整个停机过程能够顺利进行。准备工作包括设备状态的检查、系统参数的调整以及相关辅助设备的预备操作。

停机前需要对汽轮机及其相关系统的运行状态进行全面检查，技术人员需要确保汽轮机各个关键部件的状态正常，如转子、轴承、密封系统等是否有异常现象。特别是要检查润滑系统是否工作正常，确保润滑油压力和流量符合要求，以避免停机过程中由于润滑不良导致的设备磨损。冷却系统也是停机准备的重点，确保冷却水的流量和温度控制在正常范围内，以防止停机时汽轮机部件温度骤降引发热应力损伤。

系统参数的调整也是停机前准备工作的重要环节，技术人员根据电网的负荷变化以及运行要求，逐步减少汽轮机的负荷，确保停机时蒸汽压力和温度的降低是逐步进行的。快速降负荷会导致蒸汽温度和压力的急剧变化，这样会对汽轮机叶片和缸体产生冲击，增加机械损伤的风险。应逐步调整蒸汽供应，确保汽轮机能够平稳进入停机过程。

辅助设备的准备工作也不能忽视，停机过程中，真空系统、润滑系统、冷却系统等辅助设备仍需保持正常运行，直至汽轮机完全停止。提前启动盘车装置也是必要的准备步骤之一，以确保停机后能够立即进行转子盘车操作，防止转子因热胀冷缩而发生弯曲变形。

（二）减负荷操作的控制

在正式停机前，逐步减负荷是停机过程中的关键操作步骤。合理的减负荷操作能够避免汽轮机受到过大的应力和温度冲击，同时减少设备磨损。

负荷的逐步减少需要严格按照操作规范进行，不能在短时间内突然将负荷降至零。通常情况下，减负荷操作应分阶段进行：从额定负荷逐渐降低至中等负荷，再从中等负荷降低至低负荷，最后进入停机状态。在这一过程中，蒸汽的流量和温度必须同步调整，以确保蒸汽的供应能够与汽轮机的负荷匹配，避免蒸汽温度过高或压力过低导致设备运行不稳定。

在减负荷过程中，技术人员应密切监控转速、振动和温度等关键参数。尤其是在负荷下降的过程中，转子的振动情况尤为重要。负荷降低导致转速的不稳定，从而引发转子的振动幅度增加。如果振动超出正常范围，必须立即调整负荷下降速度，并检查是否有异常情况。转速的控制在减负荷过程中也是一个重要因素，转速过快下降会导致机械应力增加，对轴承和其他旋转部件造成损害。

减负荷操作还需要注意电气系统的配合，发电机的励磁电流和电压需要根据负荷变化进行同步调整，确保发电机在减负荷过程中保持电网参数的稳定性。负荷减少到一定程度时，发电机将逐步脱离电网，进入停机状态。这一过程必须确保同步操作的精确性，以避免电网出现波动或发电机的输出不稳定。

（三）停机后的处理与维护

停机后的转子盘车操作是防止转子变形的重要步骤，在汽轮机停止运转后，转子仍然处于高温状态，如果不进行盘车操作，转子会因热胀冷缩产生弯曲变形，进而影响后续的运行稳定性。停机后必须立即启动盘车装置，使转子以较低的转速缓慢旋转，直到转子温度降至安全范围内为止。盘车时间通常需要数小时甚至更长，具体时间根据汽轮机的型号和温度情况决定。

停机后的冷却控制也是一项至关重要的操作，汽轮机内部的高温部件需要在停机后逐步冷却，避免温度骤降带来的热应力问题。冷却水的流量和温度应根据汽轮机的具体状态进行调整，确保冷却过程平稳进行。特别是在冬季，防止冷却水温度过低导致管道冻裂也是冷却控制中的一个重要考虑因素。

停机后的系统检查是确保设备安全的必要步骤，停机后，技术人员需要对汽轮机各个关键部件进行检查，确认设备在停机过程中没有出现异常情况。检查轴承的磨损情况、润滑油的油质状态、冷却系统的管道通畅性等，这些检查工作有助于发现潜在的隐患，并为下一次启动做好准备；还需对停机过程中记录的数据进行分析，特别是振动、温度和压力变化的趋势，以评估设备的运行状态并为后续维护提供参考。

汽轮机的停机过程需要技术人员密切关注并按照规范操作，以确保设备的安全性和稳定性。在停机前，充分的准备工作是保证停机过程顺利进行的前提，主要包括设备状态的检查和系统参数的调整。减负荷操作的控制尤为重要，逐步降低负荷有助于减少机械应力和热应力，避免设备损伤。停机后的转子盘车、冷却控制和系统检查则是延长设备寿命、防止变形和发现隐患的关键步骤。通过严格按照停机操作要点执行，能够有效减少停机过程中的设备损坏风险，确保汽轮机的长期稳定运行。

三、停机状态对汽轮机寿命的影响

在火电厂运行过程中，汽轮机的停机是不可避免的。无论是计划停机还是非计划停机，停机过程中的操作和系统状态都会对汽轮机的使用寿命产生深远影响。停机时产生的机械应力、热应力以及辅助系统的运行状态都会直接影响设备的磨损程度和长期运行的稳定性。如果停机操作不当或频繁停机，会加速设备老化、增加故障发生的概率，缩短汽轮机的寿命。深入分析停机状态对汽轮机寿命的影响，并采取有效措施，能够显著延长设备的使用寿命，降低维修成本，提升火电厂的经济效益。

（一）频繁停机对汽轮机寿命的影响

频繁停机是影响汽轮机寿命的一个重要因素，每次停机都会带来温度、压力和机械负荷的剧烈变化，增加设备部件的应力和疲劳。特别是在高负荷运行条件下，频繁停机会导致汽轮机的热循环次数增多，设备的热膨胀和收缩更加频繁，这会对转子、汽缸、叶片等核心部件产生不良影响。

频繁停机过程中，汽轮机的温度变化较大，尤其是在冷态停机时，设备温度会迅速下降。如果停机时冷却过程控制不当，温度骤降将导致金属部件热应力增大，进而引发材料疲劳。转子在高温下运行时，热膨胀会使其尺寸增加，但当突然停机后，转子由于快速降温会出现收缩。反复的热胀冷缩会对转子造成不均匀的应力分布，久而久之会导致转子弯曲甚至开裂，从而大幅缩短转子的使用寿命。

轴承系统在频繁停机时也容易受到损害，在高温和高压条件下，润滑油的性能下降，而停机时润滑油系统需要继续运行，确保设备冷却和润滑。如果润滑油的供给不及时或不充分，轴承会在热胀冷缩过程中受到不良影响，导致摩擦增大、磨损加剧。频繁的启动和停机还会加剧润滑油泵的工作负荷，缩短其使用寿命。

汽轮机叶片在频繁停机时也面临较大的疲劳问题，叶片在高速旋转的过程中承受着巨大的离心力，而当停机时，这些力会突然消失，导致叶片结构发生变化。叶片材料在这种周期性应力作用下容易发生疲劳损坏，尤其是在叶片根部，频繁停机会加速疲劳裂纹的形成和扩展，最终导致叶片断裂。

（二）冷态停机对汽轮机寿命的影响

冷态停机是指汽轮机在长时间停止运行后完全冷却的状态，这种停机方式对设备的热应力和机械应力影响最大。冷态停机后，汽轮机内部的温度几乎降至环境温度，当重新启动时，设备各部件需要再次经历从冷态到热态的温度变化过程。每次冷态启动都会对设备造成较大的应力冲击，尤其是对汽轮机的高温部件和旋转部件。

冷态停机时，转子和汽缸等主要部件会在较短时间内从高温降至低温。由于金属材料的热膨胀系数不同，停机过程中各部件的冷却速度也不同。不均匀的冷却过程会导致各部件之间产生较大的应力差异，尤其是汽缸内外壁温差较大时，极易形成热应力，造成汽缸的开裂或变形。转子在冷却过程中由于受力不均，会发生弯曲或变形，影响后续的运行平衡。

冷态停机后再启动时，汽轮机需要经历较长的预热时间，以避免热冲击对设备产生不良影响。若预热过程控制不当，快速升温会使设备承受更大的热应力，导致转子、轴承和叶片的磨损加剧。频繁的冷态启动还会增加设备的疲劳累积，缩短关键部件的疲劳寿命。

（三）热态停机对汽轮机寿命的影响

热态停机是指汽轮机在短时间停机后，设备仍处于高温状态，未完全冷却。热态停机方式对设备寿命的影响相对较小，因为设备不需要经历剧烈的温度变化，转子和汽缸等部件的热应力较小，机械负荷相对较小。

在热态停机过程中，设备的温度基本保持在较高水平，因此部件的热膨胀和收缩变化较小。这种情况下，转子、叶片和轴承的机械应力变化相对较缓和，不会产生较大的应力集中，设备的疲劳累积也较少。

尽管热态停机的应力较低，但若停机时间过长，会导致部分辅助系统出现问题。润滑系统在长时间停机过程中，若未保持稳定的油压和油温，会导致润滑不良，增加轴承和转子的磨损；热态停机后再启动时，仍需注意蒸汽参数的逐步调整，避免蒸汽温度和压力的突然变化对设备产生冲击。

（四）非正常停机对汽轮机寿命的影响

非正常停机是指由于突发故障或紧急情况导致的停机，这类停机往往伴随着设备的剧烈振动、温度和压力的急剧变化，对汽轮机寿命影响极大。非正常停机往往没有提前的准备过程，设备各部件在高负荷、高温状态下突然停止运转，容易引发严重的机械损伤。

非正常停机时，转子和轴承的润滑无法及时跟上，导致轴承在高温高压下出现干磨现象，严重时会造成轴承烧毁或转子卡滞。突发停机过程中，设备的冷却系统未能及时反应，导致部分高温部件过热损坏，尤其是汽缸和叶片，会因热应力过大而产生裂纹或断裂。

非正常停机过程中，设备的振动往往会显著增加，特别是在转速突然下降的过程中，振动幅度会超出安全范围，进一步加剧转子和叶片的疲劳损伤。如果非正常停机频繁发生，设备的整体稳定性和运行可靠性将大幅降低，设备寿命会因此显著缩短。

汽轮机的停机状态对其使用寿命有着重要影响，频繁停机、冷态停机和非正常停机都会加剧设备的疲劳和磨损，尤其是转子、轴承和叶片等关键部件，容易受到热应力和机械应力的损伤，缩短设备的使用寿命。而热态停机对设备寿命的影响较小，但仍需做好辅助系统的维护工作。为延长汽轮机的使用寿命，火电厂应合理规划停机次数和停机方式，减少不必要的冷态和非正常停机，并确保每次停机过程中的操作规范性与安全性。

四、停机后的维护与保养

在火电厂的汽轮机运行过程中，停机后的维护与保养是确保设备长期稳定运行、延长使用寿命的重要环节。无论是正常停机还是非正常停机，设备在停止运转后都需要进行系统性的检查和维护，以排查停机过程中出现的故障隐患，并确保设备能够安全、高效地再次启动。合理的停机后维护与保养工作可以减少突发故障的发生，提高火电厂的整体经济效益。深入理解停机后的维护与保养要点，对确保汽轮机的可靠性和延长设备使用寿命至关重要。

（一）设备的清理与检查

停机后的设备清理与检查是维护工作的第一步，其目的是确保设备内部无残留杂质和磨损，及时发现并排除潜在的故障隐患。汽轮机在长期运行中，难免会出现油污、积垢以及腐蚀现象，因此停机后进行彻底的清理和检查，有助于恢复设备的运行效率，防止因堆积的杂质或腐蚀导致的部件损坏。

汽轮机内部的积垢和污物清理至关重要，在运行过程中，冷却系统、蒸汽管道和汽缸内壁容易产生水垢、油垢和其他沉积物，这些杂质如果不及时清除，会影响设备的传热效果，降低冷却效率，甚至导致管道堵塞或过热现象。停机后，技术人员需要定期清洗冷凝器、蒸汽管道和汽轮机汽缸内部，确保设备表面清洁，并保持良好的传热性能。

部件的磨损检查也是停机后维护的重要内容，技术人员应对汽轮机的关键部件，如转子、轴承、叶片、密封件等，进行全面的检查和评估，确认各部件的磨损程度是否在可接受范围内。特别是叶片和轴承这类容易受到高温、高压和高速旋转应力影响的部件，若发现出现磨损、裂纹或变形现象，及时更换或修复，避免影响下次启动时的安全运行。

（二）润滑油系统的维护

润滑油系统是汽轮机运行过程中至关重要的辅助系统之一，停机后对润滑油系统的维护是确保设备再次平稳启动的关键。润滑油系统的性能直接影响到转子、轴承等核心部件的运转状态，因此对润滑系统的检查和保养必须严格按照规范进行。

停机后需要对润滑油的质量进行检测，长时间运行后，润滑油会因高温或杂质污染而性能下降。技术人员应定期取样检测润滑油的黏度、酸值、水分和杂质含量，确保其质量符合设备运行要求。若发现润滑油出现氧化、变质或杂质超标等问题，必须及时更换润滑油，以避免在设备再次启动时出现润滑不良的情况；清洗润滑油箱和油路，防止污垢或残留物污染新油。

润滑油系统的管道和过滤装置也需要进行全面检查，在长期运行过程中，润滑油系统的管道会出现堵塞或泄漏，影响油压和流量。技术人员应定期检查润滑油管路是否存在漏油或阻塞现象，并清理或更换过滤器，确保润滑油能够顺畅流通至所有润滑点。过滤器的状态尤其需要关注，如果过滤器堵塞未及时更换，会导致润滑油中杂质增多，加剧轴承和转子的磨损。

（三）转子的盘车与管理

转子的盘车是停机后的一项关键操作，目的是防止转子因热胀冷缩导致的弯曲变形。由于汽轮机在高温高压下运行，停机后设备温度仍然较高，若转子在冷却过程中静止不动，会因为重力作用和温差变化产生不均匀的应力分布，导致转子发生弯曲变形，影响后续运行的平衡性和安全性。停机后的盘车操作可以通过缓慢旋转转子，保持其均匀冷却。

停机后应立即启动盘车装置，确保转子以较低的速度（通常为每分钟几转）缓慢旋转。这一操作需要持续数小时，具体时间视汽轮机的型号和运行温度而定。通过盘车操作，转子各部位的温度能够逐步均衡，从而避免由于温差过大引发的变形问题。

技术人员还应在盘车过程中监测转子的振动情况，盘车不仅是为了冷却，也是评估转子在停机过程中是否出现异常磨损或失衡的有效手段。通过振动传感器监测转子的运行状态，若发现振动状态超出正常范围，应及时进行排查，以防止转子变形或轴承损坏对后续运行产生不利影响。

（四）冷却系统的维护

停机后的冷却系统维护是保证汽轮机安全再启动的重要环节，汽轮机在运行时，其高温部件依赖于冷却系统进行降温和热量排出，停机后同样需要通过冷却系统将设备温度逐步降低，冷却系统的正常运行对设备安全具有重要作用。

停机后应检查冷却水的流量和温度，冷却水流量的稳定性直接影响到设备的降温速度，若流量不足或温度过高，设备的冷却效果将大打折扣，导致汽轮机部件冷却不均匀，产生热应力。冷却水质也需要定期检测，确保水中无腐蚀性杂质或沉积物，防止管道堵塞或结垢，影响冷却效率。

冷却系统的管道和冷凝器也应定期清洗和维护，冷凝器作为汽轮机的主要冷却部件，容易在长时间运行中积聚水垢和污垢，这些沉积物会影响热交换效率，导致冷却效果下降。停机后需要对冷凝器进行清洗，保持其良好的换热性能。冷却水泵和管道的密封性也需进行检查，确保系统无泄漏和阻塞现象，保证冷却水循环顺畅。

汽轮机停机后的维护与保养是保证设备长期稳定运行的重要组成部分，通过设备的清理与检查，可以及时发现和解决潜在的故障隐患，减少设备在后续运行中的风险；润滑系统的维护确保了轴承和转子的正常运转，避免因润滑不良造成的磨损和损坏；转子的盘车操作能够有效防止设备弯曲变形，保持设备的平衡性和安全性；冷却系统的维护则保证了设备在停机后平稳冷却，防止因温度变化引发的设备损伤。通过严格执行这些维护保养措施，火电厂可以显著减少设备的故障率，延长汽轮机的使用寿命，提高整体经济效益。规范的维护保养也能确保设备在再次启动时处于最佳状态，保证火电厂的安全稳定运行。

第三节 汽轮机的运行维护管理

一、运行维护管理的基本原则

火电厂汽轮机的运行维护管理是保证设备安全、高效、经济运行的关键环节，汽轮机作为火电厂的核心设备，其长期运行状态直接影响电厂的经济效益和生产安全。通过科学的运行维护管理，能够有效减少故障发生，延长设备使用寿命，提高发电效率，降低运营成本。为实现这些目标，必须遵循一系列基本原则，确保运行维护管理系统化、规范化。以下内容将从预防性维护、定期检测与保养、数据监控与分析等方面详细阐述汽轮机运行维护管理的基本原则。

（一）预防性维护为主，事后维护为辅

预防性维护是确保汽轮机安全稳定运行的首要原则，其核心在于通过定期检查和维护工作，尽早发现设备的潜在问题，并及时进行处理，防止故障的发生或恶化。相比事后维护（设备发生故障后才进行维修），预防性维护更具经济性和安全性，能够大幅降低设备的非计划停机率，提高设备的可用性。

预防性维护强调定期的设备检查，通过对汽轮机的关键部件进行周期性检查，如轴承、转子、叶片、密封装置等，技术人员能够及时发现磨损、松动或其他异常现象。在设备尚未出现严重故障前，采取必要的维护措施，避免问题进一步扩大。润滑系统的定期更换与清洗能够有效防止轴承磨损，延长设备的使用寿命。冷却系统的定期检查与清理则可以防止冷凝器积垢影响热效率。

预防性维护能够减少事后维护带来的经济损失，事后维护通常伴随着设备的非计划停机，而非计划停机会直接导致电厂的发电中断，不仅影响生产，还会带来额外的维修费用和安全风险。通过预防性维护，可以在计划停机期间进行设备

保养，既不影响生产，又能够节省大规模维修的费用。

（二）定期检测与计划性保养

定期检测与计划性保养是运行维护管理的重要组成部分，通过系统化的检测与保养计划，确保设备始终处于良好的工作状态，减少突发故障的可能性。汽轮机的定期检测不仅可以发现设备表面的显性问题，还可以通过技术手段对设备内部的隐性故障进行诊断，从而提高维护工作的精准度和效率。

定期检测应包括对汽轮机各项运行参数的监控与分析，通过对设备运行中的振动、温度、压力、转速等关键参数的实时监测，可以及时捕捉异常数据，判断设备是否存在潜在故障。转子振动幅度过大是设备失衡或轴承磨损的征兆，温度异常升高表明冷却系统或润滑系统出现问题。通过分析这些运行参数的变化趋势，技术人员能够提前采取预防措施，避免设备故障的发生。

计划性保养是定期检测的延伸，目的是通过提前安排的设备保养工作，确保汽轮机在不影响生产的情况下得到充分维护。计划性保养包括设备的清洁、润滑、紧固、校正等操作，结合实际运行情况，科学制订保养周期计划。根据设备的运行负荷和工作环境，确定叶片清洗周期，以防止叶片积灰或腐蚀影响设备效率。润滑油的更换周期应根据油质检测结果灵活调整，确保设备始终处于良好的润滑状态。通过有序的计划性保养，既能提高设备的运行效率，又能延长其使用寿命。

（三）数据监控与故障分析相结合

数据监控与故障分析是现代运行维护管理中不可或缺的组成部分，随着火电厂自动化水平的提高，利用先进的监测技术对汽轮机的运行状态进行实时监控，已经成为提高运行维护效率的重要手段。通过收集、分析设备的运行数据，可以实现对设备的精准管理，并为故障分析提供有力的数据支持。

数据监控能够实现对设备状态的实时掌握，通过安装各类传感器和数据采集装置，技术人员可以对汽轮机的运行状态进行全面监控。关键运行参数如蒸汽压力、温度、振动幅度、转速等，可以通过自动化系统进行采集并记录在数据库中，形成长期的运行数据档案。数据不仅可以为日常运行管理提供依据，还可以为设备的长期健康评估和故障预防提供重要参考。

数据监控与故障分析紧密结合，可以提高故障诊断的准确性。设备出现异常时，技术人员可以通过分析历史数据，结合当前运行状态，迅速定位故障原因。通过振动监测系统，判断是转子失衡引发的振动增大，还是由于轴承故障导致的异常振动。数据监控还可以实现远程监测，当设备出现故障或异常时，系统可以自动报警，技术人员能够及时采取应对措施，减少设备损坏的风险。

（四）运行维护与人员培训管理并重

运行维护管理不仅是技术层面的工作，还涉及对人员的培训与管理。设备的运行状况和维护质量很大程度上取决于操作人员和维护人员的技术水平和工作责任心。运行维护与人员培训管理并重，是确保汽轮机运行效率和安全性的基础。

操作人员和维护人员应具备扎实的理论知识和操作技能，火电厂汽轮机是复杂的机械设备，涉及高温、高压和高速运转，操作不当或维护不力都会带来严重后果。通过定期的专业培训，可以确保人员掌握最新的设备运行维护技术，提高故障诊断和应急处理能力。培训也有助于人员理解设备的结构和工作原理，增强日常操作的规范性和安全性。

维护管理的规范化有助于提高设备的运行可靠性，火电厂应制订详细的设备维护管理规程，明确各类设备的检查、保养和维修要求，确保每一个环节都有据可依。维护工作应严格按照规程执行，并做好每次维护的记录，形成完整的设备维护档案。通过制度化的管理，可以减少人为因素对设备运行的不良影响，进一步提高设备的稳定性和安全性。

火电厂汽轮机的运行维护管理是确保设备长期高效、安全运行的核心工作，通过以预防性维护为主、事后维护为辅的管理原则，能够有效降低设备故障率，减少非计划停机；通过定期检测和计划性保养，确保设备始终处于最佳状态；数据监控与故障分析的结合，使故障诊断更加精准及时；而运行维护与人员培训管理并重，则为管理工作的执行提供了坚实的人力保障。综合这些原则，火电厂可以实现汽轮机的经济运行与节能目标，提升整体的经济效益和设备的使用寿命。

二、日常维护的内容与要求

汽轮机的日常维护是保障设备稳定运行和延长使用寿命的关键环节，通过定期检查和及时保养，能够有效减少设备故障的发生概率，减少停机损失，提高运行效率。日常维护工作不仅要涵盖汽轮机的核心部件，还应覆盖辅助系统，如润滑、冷却、真空系统等。科学的维护策略和规范的操作流程，有助于维持设备的最佳运行状态。以下将从设备状态监测、关键部件保养、系统清洁与管理等方面详细阐述汽轮机日常维护的具体内容与要求。

（一）设备状态的监测与检查

设备状态的实时监测是汽轮机日常维护的基础工作，目的是及时发现设备运行中的异常状况，避免小问题演变成大故障。运行中的汽轮机涉及高温、高压和高速旋转，其关键参数的监测至关重要。

温度监测是保证汽轮机安全运行的重要环节，技术人员需要对汽轮机的轴承、汽缸、叶片、润滑油等关键部位进行温度监测。如果温度超出设定范围，意味着润滑不足或冷却系统出现问题，应立即采取措施。轴承温度过高是由于润滑油质量下降或供油不足所致，需要及时调整润滑系统。

振动监测是发现机械故障的主要手段之一，汽轮机在高速运转时，转子、轴承和叶片的任何微小不平衡都会引起振动。技术人员应通过振动传感器实时监控转子和轴承的振动情况，一旦发现振动幅度超出正常范围，应立即检查是否存在转子偏心、叶片损坏或轴承磨损等问题，并进行必要的校正和维护。

压力和流量的监测也必不可少，润滑系统、冷却水系统和蒸汽系统的压力和流量需要保持稳定，否则会影响设备的运行效率。技术人员应定期检查各系统的压力表和流量计，确保其在正常工作范围内，如有偏差，应及时调整。

（二）关键部件的日常保养

汽轮机的关键部件包括转子、轴承、叶片和密封装置，这些部件的性能直接决定了设备的运行稳定性和寿命。定期对这些部件进行保养，可以有效减少设备的磨损和故障率。

转子的平衡保养至关重要，转子是汽轮机的核心部件，其在高速旋转时必须保持精确的动平衡。技术人员需要定期进行转子的平衡校正，以防止因偏心或积垢导致的不平衡现象。若转子在运行中出现异常振动，应立即停机检查，并采取动平衡处理，避免设备长期处于非正常状态。

轴承的保养直接影响到汽轮机的稳定运行，润滑油的质量、供油系统的压力和流量必须保持在设计范围内，确保轴承能够得到充分的润滑。技术人员应定期更换润滑油，并清洗轴承内部的污垢和杂质，防止磨损加剧。需要定期检查轴承的间隙，确保其在正常范围内，防止运行时产生额外的摩擦。

叶片的日常保养同样重要，叶片在高速旋转时承受着巨大的离心力和蒸汽冲击，容易出现积灰、腐蚀或裂纹等问题。技术人员应定期对叶片进行清洗，确保其表面光洁，减小蒸汽阻力，并延长叶片使用寿命。如果发现叶片存在损坏或裂纹，应立即更换，以免运行中发生断裂。

密封装置的维护也不可忽视，汽轮机的密封性能直接影响到蒸汽的利用效率和设备的安全性。技术人员应定期检查密封垫片和密封环的状态，确保无漏汽现象，并根据需要及时更换损坏的密封件，防止蒸汽泄漏造成能量损失。

（三）系统的清洁与维护管理

系统的清洁与维护管理是汽轮机日常保养的重要组成部分，主要包括润滑系统、冷却系统和真空系统的清洁与维护。通过定期清洁和维护，可以提高系统的运行效率，减少能源消耗。

润滑系统的清洁与维护是确保设备正常运转的基础，技术人员应定期清洗润滑油箱和过滤器，防止杂质进入油路系统，影响润滑效果。润滑油的品质检测应作为日常维护的一部分，应及时更换老化或污染的润滑油，确保设备始终处于良好的润滑状态。

冷却系统的清洁与维护能够防止设备过热和冷却效率下降，冷凝器、冷却水管道和换热器是冷却系统的主要组成部分，容易在长时间运行中积累水垢和污垢。技术人员应定期对冷凝器和管道进行清洗，确保冷却水流通顺畅，提高换热效率。定期检测冷却水的水质，避免因腐蚀或结垢导致管道堵塞或泄漏。

真空系统的维护主要涉及真空泵和管道的密封性检查，真空系统在汽轮机运行中起着至关重要的作用，其性能直接影响汽轮机的排汽效率。技术人员应定期检查真空泵的运行状态和管道的密封情况，确保系统无泄漏和阻塞现象。如果真空度下降，应及时查找原因并进行修复，恢复系统的正常工作状态。

汽轮机的日常维护是保障设备长期稳定运行的重要环节，通过对设备状态的实时监测，可以及时发现和解决运行中的潜在问题；对关键部件如转子、轴承、叶片和密封装置的定期保养，有助于减少故障发生，延长设备寿命；系统的清洁与维护管理，则能够提高冷却、润滑和真空系统的运行效率，减少能耗，保证设备在最佳状态下运行。科学的日常维护不仅可以减少停机时间和维修成本，还能够提升汽轮机的经济运行效率。技术人员应严格按照维护规范执行每一项保养任务，并做好详细的维护记录，以备后续分析和评估。这些日常维护措施的落实，将为火电厂的安全、高效运行提供有力保障。

三、运行维护中的安全管理

汽轮机是火电厂运行中的核心设备，其高温、高压和高速旋转特性决定了运行维护过程中必须严格落实安全管理措施。操作不当或安全管理不到位，不仅会导致设备故障，还会引发人身伤害或重大事故。在汽轮机运行和维护的各个环节中，必须强化安全管理，规范操作流程，确保设备和人员的安全。科学的安全管理体系既能降低故障风险，提高设备运行效率，还能减少因安全事故造成的经济损失。以下内容将从安全操作规范、风险控制与隐患排查以及应急管理等方面，详细阐述汽轮机运行维护中的安全管理要点。

（一）安全操作规范的落实

严格的操作规范是保证汽轮机运行和维护安全的前提，安全操作规范要求操作人员和维护人员在执行任务时应遵循明确的流程，避免因操作失误造成设备损坏或安全事故。

启动和停机操作必须按照规范流程进行，汽轮机的启动、停机涉及多项复杂的操作，如升速控制、负荷调整和蒸汽参数的调节。这些操作必须逐步进行，防止温度和压力的突变对设备造成冲击。在启动和停机过程中，操作人员需要严格监控关键参数，如振动幅度、温度和压力，确保各项参数在安全范围内。

维护和检修操作需严格执行标准规程，在设备维护过程中，技术人员必须佩戴适当的防护装备，如防护手套、防护眼镜等，避免因高温、高压或蒸汽泄漏造成的伤害。在拆卸或更换设备部件时，应先确认系统处于无压和无电状态，并在检修区域设立警戒线，防止无关人员进入。每次维护工作完成后，都需要进行设备检查，确保所有工具和材料已撤离现场，并恢复设备的正常状态。

（二）风险控制与隐患排查

风险控制与隐患排查是安全管理的重要环节，汽轮机的运行涉及多种风险源，如机械故障、高温蒸汽泄漏、电气短路等，必须通过有效的风险控制措施，将风险降至最低。

技术人员需定期进行隐患排查，特别是在高负荷运行或停机后重新启动时。通过对设备关键部件的检查，如转子、轴承、叶片和密封件，可以及时发现磨损、裂纹或其他隐患，并采取措施进行处理。在检测过程中若发现润滑油中存在杂质或油质变差，应立即更换润滑油，并检查油路系统是否有泄漏或堵塞。

预防性维护是风险控制的关键措施，通过定期维护和保养，可以减少设备故障的发生概率，降低安全事故的风险。技术人员要根据设备运行状态制订详细的维护计划，包括润滑系统的检查、冷却系统的清理以及真空系统的检测。应对电气系统和自动控制系统进行定期检测，确保其处于良好状态，防止短路或控制失灵引发的事故。

（三）应急管理与事故处理

应急管理是确保汽轮机运行安全的重要保障，即使在严格的安全管理下，设备运行中仍会出现突发故障或意外情况，因此建立完善的应急管理体系显得尤为重要。

火电厂应制订详细的应急预案，明确各类突发事件的处理流程。针对不同类型的紧急情况，如蒸汽泄漏、润滑系统失效、转子振动异常等，应有相应的应对措施。应急预案应明确各岗位的职责分工，确保事故发生时能够迅速反应，有序处置。当发现蒸汽泄漏时，操作人员应立即关闭相关阀门，启动备用系统，并报告上级主管以协调后续处理。

应急演练是检验应急管理体系的重要手段，火电厂应定期组织应急演练，模拟突发故障或安全事故的处理过程，提升操作人员和维护人员的应急反应能力。演练结束后，应对演练过程进行总结和评估，找出不足之处，并及时优化应急预案。建立应急物资储备制度，确保在事故发生时能够快速调配必要的物资和设备。

事故处理后应进行全面的分析和总结，每次事故处理完成后，技术人员需对事故原因进行调查，分析故障产生的根本原因，并制订相应的整改措施，防止类似事故再次发生。所有的事故记录应纳入安全管理档案，作为后续培训和改进工作的参考依据。

  汽轮机运行维护中的安全管理是保障设备长期稳定运行的关键环节，通过严格落实安全操作规范，避免因操作失误导致的设备损坏和人身伤害；通过风险控制与隐患排查，能够及时发现和处理潜在的安全隐患，减少故障发生的概率；通过完善的应急管理和事故处理体系，能够在突发事件发生时迅速响应，将损失降至最低。科学的安全管理不仅有助于提高设备的运行效率和经济效益，还能保障人员的安全，减少因事故导致的损失。火电厂应不断完善安全管理体系，提升操作人员和维护人员的安全意识和应急处理能力，确保汽轮机在高效运行的同时，实现安全、稳定和可靠的运行目标。

第四章　汽轮机系统的经济运行优化

第一节　汽轮机运行模式对经济性的影响

一、不同运行模式下的经济性分析

汽轮机的运行模式直接决定了电厂的经济效益和能源利用效率，在不同负荷需求、外部环境和生产调度要求下，汽轮机可以采用多种运行模式。常见的运行模式包括额定负荷运行、变负荷运行和备用待机运行等。每种运行模式对汽轮机的经济性都会产生不同的影响，涉及燃料消耗、设备损耗、维护成本以及发电效率等多个方面。对不同运行模式下的经济性进行详细分析，有助于优化运行策略，减少能耗，提高发电效益。

（一）额定负荷运行的经济性分析

额定负荷运行是汽轮机在设计负荷条件下连续运转的状态，这一模式下，汽轮机的运行效率最高，因为设备在其设计的最佳工况点运行，各个系统的能量转换和利用效率都能达到理想水平。

额定负荷运行时，汽轮机的热效率最高。在此状态下，蒸汽流量、压力和温度均处于最优范围，汽轮机各级叶片的能量转换率最大。蒸汽膨胀过程中的损失较少，从而实现较高的热能转化效率。在额定负荷条件下，燃料的利用率也更高，锅炉燃烧效率得以保持在最佳水平，减少了不必要的燃料消耗和污染排放。

额定负荷运行的经济性还体现在设备磨损的降低上，在设计工况下，汽轮机的转速、轴承负荷和振动幅度均处于安全范围内，避免频繁调整负荷导致的机械疲劳和设备损耗。相较于变负荷运行，额定负荷运行能显著减少维护和检修的频次，降低运行成本。

额定负荷运行模式对电厂的调度灵活性要求较高，当电网负荷需求发生较大波动时，电厂必须调整发电机组的运行方式，而保持所有机组在额定负荷下运行并非总是可行。这一模式适用于电网负荷稳定且长期需求电力较高的情况。

（二）变负荷运行的经济性分析

变负荷运行是指汽轮机根据电网需求的变化，动态调整运行负荷的模式。这一模式通常用于应对电力需求波动较大的情况，具有较高的调度灵活性，但对设备的经济性影响较大。

变负荷运行会降低汽轮机的热效率，由于设备频繁调整负荷，蒸汽参数如压力、温度的波动较大，导致汽轮机各级叶片的能量转换率下降。部分负荷下运行时，蒸汽膨胀过程中的损失增加，锅炉的燃烧效率也会受到影响，导致单位发电量的燃料消耗上升。

变负荷运行对设备的磨损较大，频繁的负荷调整会导致转速和轴承负荷的波动，从而增加设备的机械疲劳和故障风险。特别是在高负荷与低负荷之间频繁切换时，轴承和叶片的磨损会加剧，润滑系统的压力和油温也会出现波动，加大设备维护的难度和成本。

变负荷运行能够提高电厂的生产灵活性，电厂可以根据电网的实时负荷需求，合理调整发电机组的运行状态，最大限度地减少备用机组的待机时间，提高整体发电效率。在负荷需求波动较大的电网环境中，变负荷运行是确保电力供应稳定的必要手段。

（三）备用待机运行的经济性分析

备用待机运行是指汽轮机在不参与发电的状态下处于待机状态，随时准备根据电网需求启动运行。这一模式在负荷需求波动较大或电网备用容量较低的情况下应用较多，但对汽轮机的经济性有一定影响。

备用待机运行的燃料消耗较低，在待机状态下，汽轮机不进行发电，锅炉的燃烧系统处于低功率或关闭状态，因而整体燃料消耗和污染物排放量较低。备用机组需要保持一定的预热状态，以确保快速启动。

备用待机状态会增加设备的维护需求，虽然设备在待机状态下不会产生发电负荷，但依然需要定期维护和检查，以确保设备能够随时投入运行。特别是在频繁启停的情况下，设备的启动过程会加剧轴承和转子的磨损，备用待机运行对设备的维护成本和管理要求较高。

备用待机模式能够提高电厂的应急能力和电力供应的可靠性，在电力需求突增或其他机组发生故障时，备用机组可以迅速启动，填补电力缺口。这对于保障电网的稳定性和电力供应安全具有重要意义。

（四）联合循环运行的经济性分析

联合循环运行是通过将汽轮机与燃气轮机组合使用，实现多级能量利用的运行模式。这一模式能够显著提高发电效率，降低能源消耗和污染物排放，是现代电厂经济运行的主要发展方向之一。

联合循环运行大幅提高了热效率，在这一模式下，燃气轮机的废气用于加热蒸汽，驱动汽轮机发电，实现能量的二次利用。相比单一的汽轮机或燃气轮机，联合循环的整体热效率更高，燃料利用率显著提升，单位发电量的燃料消耗降低。

联合循环运行的环保效益也较为明显，通过充分利用燃气轮机的余热，联合循环电厂的排放量显著减少，污染物的排放水平降低。由于联合循环系统的整体负荷调节能力较强，可以根据电网需求灵活调整运行状态，提高发电的灵活性和经济性。联合循环系统的建设和维护成本较高，对电厂的运行管理水平要求较高。设备的复杂性增加了日常维护的难度，需要技术人员具备更高的操作和管理能力。

不同的运行模式对汽轮机的经济性有着显著影响，额定负荷运行能够实现最高的热效率和最低的维护成本，但对电网负荷的稳定性要求较高；变负荷运行虽然增加了设备的磨损和能耗，但也提升了电厂的调度灵活性；备用待机运行降低了燃料消耗，但增加了设备的启动和维护成本；联合循环运行则通过多级能量利用，实现了更高的效率和更低的排放。火电厂应根据实际需求和电网负荷情况，灵活选择不同的运行模式，优化运行策略，减少能源浪费，提高经济效益。在运行维护管理中，既要确保设备的安全性和稳定性，又要注重节能降耗，实现汽轮机的经济运行目标。

二、运行模式的选择与优化策略

汽轮机的运行模式直接决定了电厂的能源消耗和经济效益,由于电力需求和电网负荷在不同时段存在波动,不同的运行模式在特定条件下具备各自的优势劣势。合理选择汽轮机的运行模式,结合运行优化策略,不仅可以提高燃料利用率,减少运行成本,还能确保电厂满足电网的负荷需求,提高供电稳定性。科学地选择运行模式,并实施优化策略,是实现经济运行和节能减排的核心。

(一)负荷波动与模式匹配

电网的负荷需求随着时间和季节的变化而波动,而汽轮机运行模式的选择必须与这种负荷波动相匹配,以实现经济运行。不同负荷情况下,选择合适的运行模式,可以减少能源浪费,提高发电效率。

在高负荷时段,电厂通常选择额定负荷运行模式。此模式下,汽轮机在设计工况下运行,燃料利用率和热效率达到最佳水平,设备磨损也相对较小。高负荷时段如夏季和冬季的用电高峰期,采用额定负荷运行不仅能够稳定供电,还能减少因频繁调节负荷导致的设备疲劳。

在中低负荷时段,电厂需要灵活调整机组的状态,通常采用变负荷运行或部分机组停机备用的方式。变负荷运行可以根据电网负荷的实时变化调整汽轮机的蒸汽流量和功率输出,保证发电量与需求匹配。备用待机模式则适用于夜间或淡季负荷需求较低的情况,通过停用部分机组减少能源消耗和维护成本,并确保在需要时迅速恢复运行。

负荷波动较大的区域或季节性需求明显的电厂,可采用联合循环运行模式。联合循环系统能在高负荷和低负荷条件下灵活切换,保证整体系统的效率最优,减少负荷变化对设备的冲击。

(二)运行模式的优化管理

运行模式的优化管理是提高汽轮机经济性的关键环节,通过合理调度各机组的运行状态,优化蒸汽参数,并灵活安排停机与启动计划,可以最大限度地提高设备的运行效率,降低能耗和成本。

电厂应制订详细的负荷调度计划,通过负荷预测,合理安排机组的启停和运行负荷，避免过度启停导致的设备磨损和启动能耗增加。在负荷需求较为稳定的时段，尽量保持机组在额定负荷下运行，提高整体的发电效率；在负荷波动较大时，适当调整机组的运行负荷或启用备用机组，以确保供电稳定。

优化蒸汽参数也是提高运行经济性的有效手段，在变负荷运行时，蒸汽的压力和温度需要根据负荷需求进行调整。技术人员应根据实时负荷和设备运行状态，精确控制蒸汽参数，减少蒸汽在膨胀过程中的能量损失。保持蒸汽系统的动态稳定，有助于减少燃料消耗，并延长设备的使用寿命。

应合理安排机组的计划停机和维护，设备的停机与维护不仅要考虑当前的运行状态，还应结合电网的负荷情况进行调度。在负荷需求较低的时段，可以安排部分机组停机维护，以减少对生产的影响，并为高负荷时段的稳定运行做好准备。

（三）辅助系统的协同优化

汽轮机的运行离不开辅助系统的支持，如润滑系统、冷却系统和真空系统。辅助系统的运行状态对汽轮机的经济性有着重要影响，通过协同优化辅助系统的运行，可以进一步提高设备的运行效率，减少不必要的能耗。

润滑系统的优化是保证汽轮机稳定运行的基础，技术人员应根据设备的负荷状态，合理调整润滑油的供应量，避免在低负荷运行时供油过多造成的能源浪费。定期检测润滑油的质量，确保其性能稳定，以减少摩擦损耗和轴承磨损。

冷却系统的运行优化有助于提高热效率和减少能耗，在不同负荷条件下，冷却系统的水流量和温度需要进行动态调整，以确保汽轮机各部件的温度保持在安全范围内。在负荷较低时，适当减少冷却水的流量和泵的运行频率，以降低能耗。

真空系统的优化管理可以有效提高汽轮机的排汽效率，在低负荷运行时，真空系统的运行负荷应适当降低，以减少真空泵的能耗。技术人员应定期检查真空系统的密封性和运行状态，以确保真空度符合要求，避免因真空度不足导致的效率下降。

汽轮机的运行模式对电厂的经济性有着重要影响，根据负荷需求和电网的实际情况，合理选择和优化运行模式，能够有效提高设备的运行效率，减少能源消耗和运行成本。在高负荷时段，优先采用额定负荷运行模式，以实现最佳的发电效率；在中低负荷时段，通过变负荷运行和备用待机模式，灵活应对负荷波动。联合循环运行为多级能量利用提供了高效的解决方案，是现代电厂的重要发展方向。

通过科学的负荷调度、优化蒸汽参数以及合理安排维护计划，可以进一步提升汽轮机的经济性。辅助系统的协同优化，则为设备的稳定运行和节能降耗提供了保障。

三、经济性评价指标体系的建立

建立科学、系统的经济性评价指标体系是衡量汽轮机运行效率和经济效益的关键环节，火电厂的汽轮机在不同运行模式下会产生不同的经济效果，涉及能源利用、发电成本、设备损耗等多个因素。通过构建合理的经济性评价指标体系（表4-1），可以全面评估汽轮机的运行效果，发现运行中的薄弱环节，为优化运行模式和制订节能措施提供数据支持。

（一）发电效率指标

发电效率指标是评价汽轮机运行经济性的重要基础，反映设备在能源转换过程中的有效利用情况。常用的发电效率指标包括汽轮机热效率、总发电效率和机组负荷率。

汽轮机热效率是指设备将输入的蒸汽热能转化为机械能的能力，该指标计算公式为输出的机械能与输入蒸汽的热能之比，通常用百分比表示。热效率越高，说明汽轮机的能量转换损失越少，设备的运行经济性越好。在不同负荷下，汽轮机的热效率会有所不同，因此需要根据运行模式进行动态评估。

总发电效率是指锅炉和汽轮机组合系统的整体能效，由于汽轮机的运行依赖于锅炉的蒸汽供应，锅炉的燃烧效率也会影响系统的总发电效率；总发电效率是锅炉和汽轮机热效率的乘积，反映燃料从燃烧到发电整个过程的能量利用水平。

机组负荷率则是评价机组运行状态的重要指标，指设备的实际输出功率与额定功率的比值。机组负荷率越接近100%，说明设备运行越接近设计工况点，经济性较高；负荷率过低则导致能源浪费和运行效率下降。

（二）能源消耗指标

能源消耗指标主要用于衡量汽轮机在发电过程中的燃料利用情况，以及单位电量的能耗水平；关键的能源消耗指标包括供电煤耗、厂用电率和蒸汽消耗率。

供电煤耗是火电厂经济性评价的核心指标，指生产单位电量所消耗的标准煤量，单位为 g/（kw·h）。煤耗越低，说明燃料利用率越高，发电成本越低；煤耗指标不仅取决于锅炉燃烧效率和汽轮机热效率，还与机组的运行负荷和调度策略密切相关。

厂用电率是指电厂内部设备运行消耗的电量占总发电量的比例，包括汽轮机辅助系统如冷却系统、润滑系统和真空系统的电耗。厂用电率过高会直接降低电厂的净发电效率，因此应通过优化辅助系统的运行策略，降低厂用电率。

蒸汽消耗率是评价汽轮机经济性的重要参数，指单位电量所消耗的蒸汽量，单位为 kg/（kw·h）。该指标反映汽轮机的蒸汽利用效率。蒸汽消耗率过高通常意味着蒸汽参数未能合理控制或设备存在能量浪费。

（三）设备维护成本指标

设备维护成本指标用于评价汽轮机的运行可靠性和维护经济性，主要包括设备的维护成本、检修周期和停机损失成本。

维护成本是指设备在运行过程中所需的日常维护费用、定期检修费用以及润滑油、过滤器等消耗品的成本，维护成本过高表明设备的运行状态不佳或维护策略不合理，需要进行调整。

检修周期也是评价汽轮机经济性的重要参数，合理的检修周期可以避免设备频繁停机，减少维护成本和停机时间。检修周期的制订应综合考虑设备的运行状态和使用寿命，避免因过度维护或维护不足造成的成本增加。

停机损失成本是指设备停机导致的经济损失，包括电力生产中断造成的收入损失和设备检修期间的固定成本支出。通过优化停机计划和缩短停机时间，可以有效降低停机损失成本，提高设备的经济性。

（四）环保与排放指标

环保与排放指标反映了汽轮机在运行过程中对环境的影响，也是现代火电厂经济性评价的重要内容。关键指标包括二氧化碳排放量、污染物排放强度和废水排放量。

二氧化碳排放量是评价火电厂碳足迹的重要指标，指单位电量所排放的二氧化碳量。该指标受燃料种类、燃烧效率和发电效率的影响。通过提高发电效率和采用清洁燃烧技术，可以降低二氧化碳排放量。

污染物排放强度反映火电厂在发电过程中产生的污染物，如二氧化硫、氮氧化物和粉尘的排放水平。采用先进的脱硫、脱硝和除尘技术，可以有效减少污染物排放，提高电厂的环保水平。废水排放量主要与冷却系统和化学水处理系统有关，通过循环利用冷却水和优化废水处理工艺，可以有效减少废水排放，降低对环境的影响。

建立科学的经济性评价指标体系是实现汽轮机经济运行优化的基础。发电效率指标反映了设备的能量利用水平，是评价运行效果的核心；能源消耗指标则衡量了燃料和蒸汽的利用情况，直接影响发电成本；设备维护成本指标考量了运行可靠性和维护经济性，帮助电厂优化检修计划，降低停机损失；环保与排放指标则确保电厂在追求经济效益的同时，实现绿色发展。

第二节　给水泵与循环泵系统的经济运行

一、给水泵与循环泵的工作原理

在火电厂汽轮机系统中，给水泵和循环泵是保障机组正常运行的关键设备。它们不仅确保了锅炉的给水供应和冷却水循环，还直接影响到系统的热效率和经济性。给水泵负责将经过除氧处理后的给水输送至锅炉进行加热，而循环泵则负责将冷却水引入冷凝器，以便汽轮机排出的蒸汽凝结成水。理解给水泵与循环泵的工作原理，对于优化系统运行、提升经济性至关重要。

（一）给水泵的工作原理

给水泵是火电厂锅炉系统的重要组成部分，其主要任务是将经过除氧处理的低压给水加压后送入锅炉进行加热，从而生成高压蒸汽供汽轮机使用。给水泵通常采用多级离心泵的结构，以保证能够在较高扬程下维持稳定的水流量。

给水泵的核心工作原理基于离心力的作用，当给水泵的叶轮高速旋转时，水在叶轮的带动下沿着叶片的切向方向被抛向泵壳，从而产生离心力，使水压升高并沿着出口排出。水从叶轮中心的入口进入泵体，由于受到叶轮的离心作用，水压逐渐升高，最终被送至锅炉。在多级给水泵中，水依次通过多个叶轮，每一级叶轮将水的压力进一步提升，直到达到锅炉所需的给水压力。

给水泵还具有自动调节功能，火电厂的负荷通常是变化的，为了应对锅炉蒸汽需求的变化，给水泵需要根据锅炉负荷的大小自动调节给水量。这一过程通常通过流量调节阀或变频调速装置来实现，当锅炉负荷增加时，给水泵会增加转速或调整阀门开度，以增加给水量；当负荷减少时，泵的转速降低或阀门关闭，减少给水流量。通过自动调节，给水泵确保锅炉在不同负荷下的水供给稳定，避免了锅炉内水位的波动。

为了保证给水泵的稳定运行，系统中还配备除氧器和其他辅助设备。除氧器的作用是去除水中的溶解氧，防止氧气在高温条件下对锅炉和管道造成腐蚀。水经过除氧器处理后再进入给水泵，可以有效提高设备的使用寿命，减少维护成本。

（二）循环泵的工作原理

循环泵在火电厂中的主要任务是为汽轮机的冷凝器提供冷却水，冷凝器的作用是将汽轮机排出的高温蒸汽冷凝为水，从而回收循环使用的冷凝水。循环泵通过将冷却水引入冷凝器，与高温蒸汽进行热交换，从而降低蒸汽温度并促使其冷凝。

循环泵的工作原理与给水泵类似，同样是通过离心力的作用来输送冷却水。冷却水从循环水池中被抽入泵体，经过叶轮的加速作用，水压升高，水流通过管道进入冷凝器。冷却水在冷凝器中流过冷却管，与冷凝器外部的高温蒸汽进行热交换，吸收蒸汽中的热量，使蒸汽凝结成水。冷却水本身的温度升高，最终被排回循环水池，完成一个循环过程。

为了保证冷却效果，循环泵必须维持足够的流量和水压。循环泵的选型取决于汽轮机的功率和冷凝器的换热需求，流量和水压的调节通常由控制系统完成，通过监测冷凝器的温度和压力变化，自动调节循环泵的工作状态，确保冷却水的供应能够与汽轮机的排汽量相匹配。

循环泵还需要具备良好的抗腐蚀性能，因为冷却水通常直接取自河流或水库，水中含有泥沙和溶解盐分，杂质会对泵体和冷凝器产生腐蚀和磨损。循环泵的材料通常采用耐腐蚀和耐磨的合金，以延长设备的使用寿命。除了维持冷却水的循环，循环泵的运行还与电厂的节能效果直接相关。冷凝器的冷却效率影响到汽轮机的排汽压力，进而影响汽轮机的运行效率。冷却水流量过小会导致排汽压力上升，增加汽轮机的能耗；而冷却水流量过大则会浪费电能。合理调节循环泵的运行状态，是提高系统整体能效的重要手段。

给水泵与循环泵在火电厂汽轮机系统中扮演着至关重要的角色，给水泵通过多级加压将水送入锅炉，为锅炉提供稳定的水源，从而保证汽轮机的蒸汽供应。而循环泵则通过输送冷却水，为冷凝器提供冷却，回收汽轮机排出高温蒸汽。两者共同协作，保证汽轮机系统的高效运转。通过理解给水泵和循环泵的工作原理，火电厂可以进一步优化设备的运行策略，降低能耗，提高经济效益。科学地选择泵体材料、优化控制系统、合理调节水流量与压力，也有助于延长设备使用寿命，减少维护成本。给水泵和循环泵的高效运行，是火电厂实现节能增效目标的重要保障。

二、系统的经济运行策略

给水泵与循环泵系统在火电厂中是确保汽轮机稳定运行的关键组成部分，其运行状态直接关系到整个系统的能源消耗和经济性。由于这两个系统在长时间运行过程中需要消耗大量电力与水资源，优化其运行策略显得尤为重要。科学的经济运行策略不仅能减少能耗，提高系统运行效率，还能延长设备的使用寿命，降低维护成本。

（一）负荷调节与优化

负荷调节是给水泵与循环泵系统经济运行的核心策略之一，通过合理控制泵的输出流量与压力，使其与实际工况需求相匹配，减少能源浪费，提高系统运行效率。

在给水泵系统中，泵的流量与锅炉的蒸汽需求密切相关。为了满足锅炉负荷的变化需求，给水泵需要灵活调节水量。如果泵的流量过大，不仅会导致不必要的能源消耗，还造成锅炉内水位波动，影响蒸汽供应的稳定性。在不同负荷条件下，合理调节给水泵的输出是实现经济运行的重要环节，可以通过控制阀门的开度或采用变频调速来实现。

循环泵系统的负荷调节则主要依赖于冷凝器的换热需求。在汽轮机运行过程中，排汽量与冷凝器的冷却需求是动态变化的，循环泵需要根据冷凝器的温度与排汽压力变化灵活调节水量。如果循环水流量不足，会导致冷凝器温度升高、排汽压力增加，从而降低汽轮机的效率；若流量过大，则会造成电能的浪费。通过实时监测系统参数，确保循环泵输出与冷凝需求匹配，是提高系统经济性的关键。

（二）变频技术的应用

变频技术在给水泵与循环泵系统中的应用，是实现经济运行的重要手段。通过采用变频调速装置，可以根据实际工况需求调整泵的转速，从而实现精确的流量与压力控制，避免因过度供水或过量冷却造成的能源浪费。

在给水泵系统中，变频技术能够使泵的输出与锅炉的蒸汽需求保持同步；与传统的机械阀门调节相比，变频调速能够更精确地控制流量，并且减少机械阀门造成的压降损失，从而提高系统的整体效率。变频调速还能减少泵的启停次数，避免频繁启停对设备造成的冲击，延长设备的使用寿命。

在循环泵系统中，变频技术同样具有显著的节能效果。当汽轮机负荷较低、冷凝器的冷却需求减少时，变频装置可以降低循环泵的转速，减少电能消耗；在高负荷运行时，泵的转速则会自动提升，以确保冷却水的供应充足。通过这种动态调节，不仅可以降低运行成本，还能保持冷凝器的温度和排汽压力在合理范围内，提高汽轮机的整体效率。

（三）维护管理策略的优化

科学的维护管理策略是保障给水泵与循环泵系统长期经济运行的基础，通过加强设备的日常维护和状态监测，减少突发故障的发生，降低停机风险，并延长设备的使用寿命。

在给水泵系统中，润滑油的状态与轴承的磨损情况直接影响泵的运行效率。技术人员应定期检测润滑油的质量，并根据需要及时更换，确保设备在运行过程中始终保持良好的润滑状态。泵体和叶轮的积垢会增加能耗，应定期对设备进行清洗，防止水垢和杂质影响泵的性能。

循环泵系统的维护重点则在于泵体的防腐与密封管理，由于冷却水中含有腐蚀性物质，泵体的腐蚀会降低设备的可靠性。采用耐腐蚀材料并定期进行防腐处理，密封装置的老化和损坏会导致泵体泄漏，增加不必要的水耗和电耗，应及时更换损坏的密封件。为了进一步提高维护管理的效率，还可以引入状态监测与预测维护系统。通过对泵体振动、温度、压力等参数的实时监测，技术人员能够及时发现设备的异常，并在故障发生前进行预防性维护，减少非计划停机的发生率。这不仅能够降低维护成本，还能提高设备的可用性和经济性。

给水泵与循环泵系统的经济运行策略是火电厂实现节能增效的重要组成部分，通过合理调节泵的负荷，确保输出与工况需求相匹配，可以减少能源浪费，提高系统效率；通过引入变频技术，实现泵的动态调速，进一步优化系统的运行状态；通过科学的维护管理策略，减少设备故障和停机风险，延长设备的使用寿命。在实际运行中，根据负荷变化和系统需求，灵活调整运行策略，并结合状态监测与预测维护技术，不断优化给水泵与循环泵系统的运行效率，确保汽轮机系统的长期稳定与高效运行。

三、能耗分析与节能措施

给水泵与循环泵系统在火电厂中运行时会消耗大量电能，其能耗水平直接影响火电厂的经济效益与能源利用效率。对这两个系统的能耗进行深入分析，并制订相应的节能措施，是优化经济运行的重要环节。能耗分析需要全面评估设备的运行工况、负荷需求、系统参数和调节方式，而节能措施则需要结合实际情况，采用先进技术和优化策略，从根本上降低能耗，提高设备的运行效率。

（一）给水泵与循环泵系统的能耗分析

在给水泵系统中，电能主要用于将经过除氧处理的水加压后送入锅炉。泵的能耗水平与运行负荷、泵的扬程以及锅炉蒸汽需求密切相关。当泵的负荷过高或运行不稳定时，会导致不必要的能源浪费。

给水泵的电耗主要由泵的转速、流量和扬程决定，若泵的设计流量与实际需求不匹配，会造成"大马拉小车"的现象，即泵的运行能力超过实际需求，导致电能的浪费。在部分负荷运行时，由于泵的效率降低，能耗会进一步增加。

循环泵系统的能耗主要来源于冷却水的循环与输送，冷凝器的冷却需求变化直接影响循环泵的运行负荷。当冷却水流量与排汽需求不匹配时，容易造成冷却不足或过量供水的现象。冷却不足会导致汽轮机排汽压力上升，降低系统效率；而过量供水则增加泵的电耗，降低经济性。

（二）能耗问题诊断与分析

要实现给水泵与循环泵系统的节能运行，需要对系统中的能耗问题进行准确的诊断和分析。通过分析设备的运行参数、负荷状态和历史数据，找出系统中的高能耗环节，并制订针对性的改进方案。

在给水泵系统中，泵的效率低下是常见的能耗问题，导致效率低下的原因包括叶轮磨损、管道内壁结垢以及泵体漏水等；频繁的启停也会增加设备的磨损和能耗，影响系统的经济性。

在循环泵系统中，水力损失是主要的能耗问题之一。当冷却水管道中的阻力过大时，循环泵需要消耗更多的电能来维持水流。冷却塔的布置和冷凝器的清洁程度也会影响冷却系统的效率。如果冷却塔或冷凝器出现堵塞，冷却效果下降，会导致循环泵的负荷增加，能耗随之上升。

（三）节能措施的实施

针对给水泵与循环泵系统的能耗问题，应采取一系列的节能措施，以优化设备运行，提高经济效益。措施主要包括优化设备选型、采用变频技术、定期清洗维护以及改进系统运行策略等。

优化设备选型与参数匹配是降低能耗的基础，设备选型时应考虑系统的实际需求，确保泵的流量和扬程与锅炉和冷凝器的需求相匹配，避免因参数不匹配导致的能源浪费。在新设备安装时，尽量选择高效节能型泵，并通过调节泵的运行参数，使其在最佳工况点运行。

变频技术的应用可以显著减少泵的能耗，通过变频调速装置，给水泵和循环泵可以根据负荷变化自动调整转速，避免频繁启停和过量供水造成的电能浪费。在低负荷运行时，变频调速能够降低泵的转速，减少电能消耗；在高负荷运行时，则可提升转速，保证供水和冷却需求。

定期清洗与维护是提高系统效率的重要措施，给水泵和循环泵的叶轮、管道和冷凝器容易受到水垢、泥沙和杂质的影响，导致效率下降。技术人员应制订详细的维护计划，定期对泵体和管道进行清洗，并及时更换磨损的叶轮和密封件。定期检查润滑系统，确保轴承的润滑状态良好，减少机械摩擦和能耗。

优化系统运行策略能够进一步提高设备的经济性，通过实时监控系统的运行参数，调整泵的负荷和流量，使其与实际需求保持一致。在负荷需求较低的时段，减少泵的运行台数或降低转速，以减少不必要的能耗；在负荷需求较高时，则可以通过增开备用泵的方式，确保系统的稳定运行；通过数据分析和能耗评估，找出系统运行中的薄弱环节，并针对性地进行优化调整。

给水泵与循环泵系统的能耗分析与节能措施是火电厂实现节能增效的关键环节，通过合理控制泵的负荷与流量，采用变频技术减少电能消耗，并加强设备的清洗与维护，可以有效降低系统的能耗，提高运行效率。科学的运行策略和数据分析也能帮助技术人员发现能耗问题，制订针对性的改进方案，实现设备的长期经济运行。节能措施的实施不仅能降低火电厂的运营成本，还能减少能源消耗和碳排放，提升电厂的整体经济效益与环保水平。在实际运行中，应根据系统的负荷变化和运行状况，不断优化设备的运行参数和管理策略，确保给水泵与循环泵系统的高效、稳定运行。

四、系统的维护与故障处理

给水泵与循环泵系统在火电厂汽轮机运行中起着关键作用，其稳定性和可靠性直接影响到锅炉供水、冷凝器冷却及整体系统的经济效益。由于这两类泵在高负荷和长时间运行中容易出现磨损、腐蚀、漏水等问题，因此制订系统性的维护计划、进行故障分析和及时处理，是保障设备安全高效运行的核心。以下将从日常维护、常见故障及其处理策略、预防性检修管理三个方面详细探讨给水泵与循环泵系统的维护与故障处理。

（一）日常维护的内容与要点

日常维护是确保给水泵与循环泵稳定运行的基础工作，主要内容包括设备润滑油管理、零部件检查及清洁工作。

在给水泵系统中，润滑油管理是维护的核心。技术人员需定期检查润滑油的黏度、酸值及杂质含量，确保其符合设备运行要求。润滑油的油量和油温也需严格监控，避免因润滑不足或油温过高导致轴承过热、磨损；同时必须定期更换滤油器，保持油路畅通。

在循环泵系统中，叶轮与管道的清洁至关重要。冷却水中含有杂质，容易在泵体和冷凝器管道内形成水垢和沉积物，导致水流阻力增大，泵的效率降低。应定期对叶轮和管道进行清理，确保系统的流通性；对于泵体密封件的老化或损坏，应及时更换，防止冷却水泄漏影响设备运行。

日常检查还应包括对泵的运行状态进行监控，技术人员通过振动、温度和流量监测设备，随时掌握泵的运行情况，发现异常时及时处理。应定期检查泵的联轴器是否紧固，防止因松动导致的转子失衡。

（二）常见故障及处理策略

在给水泵与循环泵的运行中，常见故障主要包括泵的漏水、叶轮损坏、轴承磨损及泵体振动等问题，对这些故障的及时处理是保障系统安全运行的关键。

漏水问题是泵系统中常见的故障之一，漏水通常由密封件损坏或管道连接松动引起。针对密封件老化或损坏，应及时更换密封环或填料，确保泵体的密封性。对于管道连接处的松动，应重新紧固或更换密封垫片，避免漏水造成的系统水压不稳。

叶轮损坏通常由于长期运行中的磨损或冷却水中杂质对叶轮的冲刷所致，技术人员应定期检查叶轮的磨损情况，如发现叶轮表面出现明显的磨损或裂纹，应立即更换。优化水质管理，减少冷却水中的泥沙含量，可以有效延长叶轮的使用寿命。

轴承磨损是给水泵与循环泵系统的另一个常见问题，轴承磨损会导致泵的转子运行不平稳，引发异常振动甚至停机故障；定期检查轴承间隙，确保其在规定范围内，并根据润滑油的使用情况及时更换轴承，可以有效避免此类问题发生。

泵体振动通常由转子不平衡、联轴器松动或管道内气蚀现象引起，技术人员应通过振动监测设备实时跟踪泵的运行状态，如发现振动幅度超过正常范围，应立即停机检查。针对转子不平衡问题，可以进行动平衡校正；对于管道气蚀，应优化泵的吸入口设计或增加脱气设备。

（三）预防性检修与状态监测

预防性检修是确保给水泵与循环泵系统长期稳定运行的重要策略，通过制订检修计划，结合设备的运行状态和历史数据，技术人员能够提前发现潜在的故障并进行处理，避免非计划停机和重大事故的发生。

定期检修是预防性维护的核心内容，技术人员应根据泵的运行周期和负荷情况，制订合理的检修计划，包括润滑系统、密封装置、叶轮及轴承的全面检查和保养。检修时应详细记录设备的状态和更换的零部件，为后续维护提供参考数据。

状态监测与预测维护是预防性检修的有效补充，通过在泵体上安装温度、振动和流量传感器，实时采集设备的运行数据，并利用数据分析技术预测设备的磨损趋势，技术人员可以在故障发生前进行针对性维护。当监测到泵的振动幅度逐渐增大时，可以提前安排动平衡校正，避免转子不平衡造成的停机事故。加强备件管理，确保常用易损件的库存充足；泵的密封件、轴承、叶轮等易损件应根据使用频率和库存情况定期补充，确保设备出现故障时能够快速更换，缩短停机时间。

给水泵与循环泵系统的维护与故障处理是保障火电厂汽轮机系统稳定运行的重要环节，通过加强日常维护管理，定期清洁设备、检查润滑状态，可以有效延长泵的使用寿命；针对常见故障，如漏水、叶轮损坏、轴承磨损等问题，及时处理并采取相应措施，能够减少非计划停机的发生；通过预防性检修和状态监测，技术人员可以提前发现潜在问题，并采取措施避免设备突发故障。科学的维护策略和高效的故障处理方法，不仅能够提升给水泵与循环泵系统的运行效率，还能降低维护成本，确保火电厂的经济运行。通过建立完善的状态监测系统和维护管理体系，火电厂能够进一步优化设备的运行策略，实现泵系统的高效、安全和稳定运行。

第三节 回热加热系统加热器的经济运行

一、加热器的工作原理与性能

回热加热系统是火电厂提高汽轮机循环热效率的重要组成部分，该系统利用汽轮机部分抽汽对锅炉给水进行加热，从而减少锅炉加热所需的燃料，提高热能的利用率。加热器是回热系统的核心设备，其性能直接影响整个系统的经济性。加热器通过热交换的方式，将汽轮机的低品质蒸汽热量传递给给水，提高给水温度，降低锅炉能耗，实现节能目的。

（一）加热器的工作原理

加热器的核心工作原理是通过热交换过程将抽汽的热能传递给给水，根据热交换形式的不同，加热器分为混合式加热器和表面式加热器两大类。无论是哪种形式，其最终目的都是提高给水温度，减少燃料消耗。

在混合式加热器中，汽轮机抽汽与给水直接接触并混合在一起，蒸汽中的热能完全传递给给水，使其温度迅速上升。加热器结构简单，热交换效率高，但需要注意控制混合后的水质，以防止杂质进入系统。混合式加热器适用于需要大流量加热的系统，如低压回热系统。

表面式加热器则通过金属管壁进行间接换热，汽轮机抽汽在管外流动，与管内的给水隔开。蒸汽在管壁上凝结为水，并将热量传递给管内的给水。这种加热方式避免了抽汽与给水直接接触，保证水质，但热交换效率相对较低。表面式加热器多用于需要精确控制水温和水质的系统，如高压回热系统。

加热器的运行还涉及凝结水排放，在表面式加热器中，抽汽凝结为水后需及时排出，以避免积水影响热交换效率。通常采用自动排水装置，根据液位控制排水阀的开关状态，确保加热器内的水位保持在合理范围内。

（二）加热器性能的影响因素

加热器的性能直接关系到回热系统的经济性，其主要性能指标包括热效率、换热系数和压力损失。多个因素会影响加热器的运行性能（表4-1），因此需要根据实际工况优化设备的设计与操作。

热效率是衡量加热器性能的关键指标之一，热效率越高，表明蒸汽的热量被更充分地利用。影响热效率的主要因素包括汽轮机抽汽的温度和压力、给水流量及加热器的换热面积，在保证抽汽参数稳定的情况下，优化给水流量与换热面积，可以有效提高加热器的热效率。换热系数反映了热交换过程的效率，通常受制于热交换表面的洁净度和材料导热性能。长期运行后，加热器的管壁上会形成水垢和污垢，降低换热系数，导致热量传递效率下降。

压力损失则是指蒸汽和水在加热器内流动时所产生的压力降，较大的压力损失会降低系统的运行效率，增加能耗；合理设计管路结构，减少蒸汽和水的流动阻力，是降低压力损失的有效手段。加热器的性能还与抽汽调节密切相关，由于电厂负荷变化会影响汽轮机的抽汽量，加热器的换热能力也需要随之调整。通常采用调节阀控制抽汽流量，根据负荷需求动态调整抽汽压力和流量，确保加热器在不同工况下运行稳定。

表4-1 加热器性能的影响因素

影响因素类别	具体影响因素	影响描述
运行参数因素	蒸汽压力和温度	蒸汽参数越高，加热效率越高，但超限易导致设备损伤
	给水流量	流量不足会影响供水温度，过大则降低换热效率
	换热面积	换热面积不足限制蒸汽的热量传递效率
水质因素	水中的溶解氧	含氧量高会导致管壁腐蚀，影响设备寿命
	硬度和悬浮颗粒	水垢和颗粒物会在换热表面沉积，降低换热效率
结构和材质因素	换热管材料	材料导热性能决定热量传递的效率
	管道布置方式	布置不合理会影响水流和蒸汽流动，降低换热效率
环境和外部因素	冷却水温度	冷却水温度过高会降低加热效果
	系统负荷变化	负荷波动会造成蒸汽和给水流量的不匹配

续表

影响因素类别	具体影响因素	影响描述
维护管理因素	换热表面积垢	积垢会阻碍热量传递,降低设备效率
	密封件状态	密封件老化会导致蒸汽泄漏,影响加热性能

加热器是火电厂回热加热系统的核心设备,其工作原理是基于混合或表面换热的方式,将汽轮机抽汽的热量传递给给水,减少锅炉燃料消耗。混合式和表面式加热器各有优缺点,适用于不同的运行工况和系统需求。加热器的性能受多种因素影响,包括热效率、换热系数和压力损失。通过优化设备设计、控制抽汽参数及保持换热表面清洁,可以提高加热器的运行效率,降低能耗。火电厂应根据实际运行工况,合理选择加热器类型并实施有效的维护管理,确保设备在高效、稳定的状态下运行,不仅有助于提升汽轮机系统的经济性,还能减少能源浪费,实现节能目标。

二、加热器的经济运行策略

回热加热系统中的加热器是火电厂提升循环热效率的关键设备,其性能直接影响到燃料消耗和系统经济性。在实际运行中,加热器需要根据不同的负荷情况进行合理调节,以减少能源浪费、提高热效率。科学的经济运行策略不仅能提高加热器的工作效率,还能延长设备的使用寿命,降低维护成本。

(一)负荷调节与抽汽控制策略

加热器的经济运行依赖于负荷调节与抽汽控制的精准匹配,由于火电厂的负荷需求会随时间和季节变化,加热器的抽汽量也需根据锅炉和汽轮机的运行状态进行动态调整,以确保热量供给与需求平衡。

为保证加热器的经济性,技术人员可采用自动调节阀来控制抽汽流量,避免蒸汽过量或不足导致的能源浪费。在负荷较低时,减少抽汽流量,以防止热量过剩;在负荷较高时,则需要增加抽汽量,确保给水能够及时升温。在运行中,密切监控加热器的出口温度和蒸汽压力,及时调整阀门开度,保持换热过程的稳定。

技术人员还应根据电厂负荷的波动情况，制订合理的分级抽汽策略。不同级别的加热器使用不同压力的抽汽，根据实际需求灵活选择启动或停用部分加热器，从而优化热能利用。通过这种策略，在满足锅炉供水温度的前提下，减少高品质蒸汽的消耗，降低锅炉的燃料使用量。

（二）设备维护与状态监测

设备维护与状态监测是保证加热器长期经济运行的重要手段，加热器长期运行后容易出现积垢、管道堵塞等问题，降低换热效率，增加能耗；定期的维护和状态监测是确保设备高效运行的基础。

制订详细的清洗计划，定期对加热器的换热管进行清洗，防止水垢和污垢影响换热效率。技术人员应采用化学清洗或机械清洗的方法，根据管道的实际积垢情况灵活选择清洗方式。在清洗过程中，需特别注意保护换热管的内壁，避免因清洗不当造成管壁腐蚀或损坏。

加强对加热器运行状态的在线监测，通过安装温度传感器和压力传感器，实时监控加热器的关键参数，如蒸汽压力、给水温度和换热管壁的温度差。结合数据分析系统，技术人员可以及时发现设备的异常状态，并在故障发生前采取预防性维护措施。

自动排水系统的优化也是提高加热器经济性的关键，表面式加热器在换热过程中会产生大量的冷凝水，若不及时排出，积水会降低换热效率。根据冷凝水的液位情况，灵活调节排水阀的开度，确保冷凝水及时排出，同时减少蒸汽的排放损失。

（三）水质管理与系统优化

水质管理是确保加热器经济运行的重要环节，劣质的给水会在加热器内形成水垢和腐蚀，影响设备的换热性能和使用寿命，因此加强水质管理是提高系统效率的关键。

火电厂应严格控制给水的水质，确保水中的溶解氧、钙镁离子和悬浮物含量符合标准。通过除氧器和软化水处理设备，将给水中的杂质和溶解气体降至最低，减少水垢和腐蚀对加热器的影响。高质量的给水不仅能延长加热器的使用寿命，还能提高换热效率，减少设备清洗的频率。

优化冷凝水的回收与再利用，在回热系统中，冷凝水的品质和温度直接影响加热器的经济性。技术人员应确保冷凝水管路的密封性，防止冷凝水泄漏造成能源浪费。在高温冷凝水的回收过程中，还应防止气蚀现象，避免冷凝泵的损坏。合理设计系统的管路布局，减少管路阻力损失；管路的弯曲和连接方式会增加流动阻力，导致抽汽和给水的压力损失，从而降低系统效率。在设计和改造管路时，应采用平直管道，减少弯头和接头的使用。确保管道内壁的光滑度，减少摩擦损失，提高抽汽和给水的流通性。

加热器的经济运行策略是提升火电厂热效率、降低燃料消耗的重要环节，通过合理的负荷调节与抽汽控制，可以在不同负荷条件下实现热能的高效利用；通过定期维护和状态监测，防止设备积垢和损坏，提高加热器的长期运行效率；通过加强水质管理和系统优化，减少换热过程中的能量损失，延长设备的使用寿命。科学的经济运行策略不仅能提高回热系统的整体效率，还能降低火电厂的运行成本，提升设备的稳定性和可靠性。在实际运行中，技术人员应结合设备状态和负荷变化，不断优化加热器的运行参数与管理策略，确保系统的高效、节能运行。

三、加热器的维护与检修

加热器作为回热加热系统的关键设备，在长期运行中不可避免地会出现积垢、腐蚀、泄漏等问题，这些故障不仅会降低热交换效率，还会导致系统运行不稳定甚至停机。制订科学的维护和检修策略，能够有效延长加热器的使用寿命，减少非计划停机，提高系统的经济性和稳定性。以下将从日常维护、定期检修和故障处理三个方面详细论述加热器的维护与检修工作。

（一）日常维护的内容与要点

换热管的清洁与检查是日常维护的重点，加热器在长时间运行过程中，管壁内外容易积聚水垢、污垢或腐蚀产物，降低换热效率。技术人员应定期采用机械清洗或化学清洗的方法清除积垢；对于外壁的污垢，使用高压水枪进行冲洗；对于内壁难以清除的水垢，采用酸洗法，但需控制酸液浓度，避免损伤金属管壁。

定期监控温度、压力和流量等运行参数，通过在加热器进出口安装温度和压力传感器，技术人员实时掌握蒸汽和给水的状态。若发现温差减小或压力异常升高，应立即排查是否存在换热不良或管道堵塞问题，并采取相应措施。流量监测可确保蒸汽和水的供给充足，防止流量不足导致的换热效率下降。润滑系统与密封装置的管理也是日常维护的重要内容，虽然加热器本身不涉及复杂的机械运动部件，但其附属的调节阀门和排水装置需要保持良好的润滑状态，确保调节灵活。密封件的老化会导致蒸汽泄漏或冷凝水渗漏，因此应定期检查密封件状态，必要时及时更换。

（二）定期检修与计划性维护

在定期检修过程中，对换热管进行全面检查。通过内窥镜设备，详细观察换热管的内壁是否存在裂纹、腐蚀或积垢。如果发现管道内壁有明显腐蚀，应及时更换损坏的管段，以防止运行中发生泄漏；技术人员应检查管道连接处的密封情况，确保接口紧密无泄漏。

排水系统的维护也是定期检修的重要内容，表面式加热器在换热过程中会产生大量冷凝水，若排水不畅，将会导致冷凝水积聚，影响换热效率。检修时应对自动排水阀和排水管道进行清理，确保排水通畅。同时检查排水阀的灵敏度，确保其在冷凝水达到预设液位时能够及时开启。

为了减少计划性停机对生产的影响，电厂应合理安排检修周期。通常情况下，根据设备运行时间、蒸汽参数和检修记录，确定适当的检修间隔。对于运行负荷较大的加热器，建议缩短检修周期，以减少故障发生的风险；对于负荷较低的设备，适当延长检修间隔，提高系统的经济性。

（三）常见故障的诊断与处理

在加热器的运行过程中，常见故障包括换热不良、蒸汽泄漏和排水系统失效等。技术人员需要掌握常见故障的诊断方法和处理策略，以确保在设备出现问题时能够迅速恢复运行。

换热不良通常由积垢或污垢引起，积垢会降低换热管的导热性能，使蒸汽的热量无法充分传递给给水。当检测到加热器的温差减小时，首先检查换热管的洁净度，并进行必要的清洗。如果清洗后问题仍未解决，则需要进一步检查是否存在流量不足或蒸汽压力不稳定的问题。

蒸汽泄漏是另一种常见的故障，通常由密封件老化或管道腐蚀引发。泄漏不仅会降低系统的热效率，还会造成安全隐患。当发现加热器出现蒸汽泄漏时，技术人员应立即停机检查，并更换损坏的密封件或腐蚀管段。对于密封件老化引发的渗漏问题，可以通过定期更换密封垫片来预防。

排水系统失效通常表现为冷凝水排放不及时，导致加热器内部积水。此类问题的原因是排水阀堵塞或液位传感器故障。处理时，检查排水管道是否有堵塞，并进行疏通；如果排水阀失效，则需要更换新的排水装置。技术人员还应定期校准液位传感器，确保其准确检测水位。

加热器的维护与检修是保障回热系统高效运行的重要环节，通过日常维护，及时清除积垢、监控设备状态，防止潜在问题的发生；通过定期检修和计划性维护，确保设备始终处于良好的工作状态，提高换热效率，减少非计划停机的风险；通过故障诊断与处理，技术人员能够快速应对加热器的常见问题，确保系统的安全稳定运行。

第四节　真空系统凝汽设备的经济运行

一、凝汽设备的工作原理与性能

真空系统中的凝汽设备是火电厂汽轮机系统的重要组成部分，其主要任务是将汽轮机排出的低压蒸汽冷凝成水，确保汽轮机的高效运行。凝汽设备不仅能够减少蒸汽的排放损失，提高循环效率，还能为系统提供高质量的凝结水回收利用，从而降低整体能耗。在实际运行中，凝汽设备的性能直接影响到真空系统的稳定性和汽轮机的经济性。以下内容将从冷凝器的工作原理、性能指标及影响因素等方面，详细阐述凝汽设备在系统中的作用及表现。

（一）冷凝器的工作原理

冷凝器是凝汽设备的核心，其基本原理是通过热交换的方式将汽轮机排出的蒸汽冷凝成水。蒸汽在冷凝器内流动时，与冷却水进行热交换，释放出潜热并转化为冷凝水。冷凝器常见的形式为表面式冷凝器，这种结构可以保证蒸汽与冷却水在不同介质间进行间接换热。

在冷凝器中，低压蒸汽从汽轮机的排汽口进入管外空间，与管内流动的冷却水进行热交换。蒸汽在管壁上凝结成水，并沿着管壁流入凝结水收集系统，同时释放的热量被冷却水带走。通过这种方式，蒸汽的热能得到回收，冷凝水则作为循环水进一步进入回热加热系统或返回锅炉。

冷凝器的工作依赖于维持足够的真空度，以降低排汽压力，提高汽轮机的效率。蒸汽在低压条件下更容易冷凝，因此真空系统通过维持冷凝器内的低压环境，确保热交换顺利进行。冷却水的流量和温度直接影响冷凝效果，当冷却水不足或温度过高时，冷凝器的真空度会下降，影响汽轮机的运行效率。

（二）冷凝器的性能指标

冷凝器的性能主要取决于热交换效率、真空度稳定性以及冷凝水的质量，性能指标决定凝汽设备在长期运行中的经济性和可靠性。

热交换效率是衡量冷凝器性能的关键指标，高效的热交换能确保蒸汽在短时间内完成冷凝，减少蒸汽的排放损失。影响热交换效率的因素包括冷却水流量、冷却水温度以及冷凝管内外的洁净程度。当冷却水流量不足或管道出现污垢时，热交换效率会显著降低。

真空度稳定性直接关系到汽轮机的排汽效率和冷凝效果，冷凝器内的真空度越高，蒸汽的排汽压力越低，汽轮机的热效率也就越高。冷凝器通过真空泵或射流泵维持真空状态，如果真空系统出现泄漏或冷凝器积水导致真空不稳定，将降低设备的运行效率。

冷凝水的质量也是衡量冷凝器性能的重要指标，高质量的冷凝水能减少锅炉水处理的负担，降低系统的运行成本。冷凝水的质量主要取决于蒸汽的清洁度和冷凝器材料的选择。若蒸汽中含有腐蚀性气体或冷凝管材质不佳，冷凝水中会含有腐蚀性杂质，影响系统的稳定运行。

（三）冷凝器性能的影响因素

冷凝器的性能受多种因素影响，主要包括冷却水条件、蒸汽负荷以及设备的清洁程度。技术人员需在运行过程中不断优化各项参数，确保冷凝器处于最佳状态。

冷却水条件是影响冷凝器性能的关键因素之一，冷却水的温度越低，换热效果越好，真空度也越容易维持。但在夏季或高温天气，冷却水温度升高，会导致真空度下降，影响冷凝器的运行效率。应根据冷却水的温度变化调整流量，确保冷凝效果不受影响。

蒸汽负荷的变化也会影响冷凝器的性能，在高负荷运行时，汽轮机排出的蒸汽量增加，冷凝器需要处理更多的蒸汽。如果冷却水供应不足或换热面积不够，会导致冷凝不完全，降低真空度；在低负荷运行时，减少冷却水的流量，以避免水泵过度运行造成的能源浪费。设备的清洁程度直接决定了冷凝器的长期性能，冷凝管壁上的水垢和污垢会降低热传导效率，增加管道阻力，影响冷凝效果。冷凝器需要定期清洗，保持管道内外的清洁，确保设备始终处于高效运行状态。

凝汽设备在火电厂汽轮机系统中的作用至关重要，其性能直接影响到汽轮机的排汽效率和循环水的回收利用。冷凝器通过高效的热交换，将汽轮机排出的蒸汽冷凝成水，实现热能的回收和水资源的循环利用。在实际运行中，冷凝器的性能主要取决于热交换效率、真空度稳定性和冷凝水质量。为了确保凝汽设备的经济性和可靠性，电厂应加强对冷却水条件、蒸汽负荷和设备清洁度的管理，不断优化各项运行参数，维持设备的最佳状态。科学的管理与维护不仅能提高冷凝器的运行效率，还能降低系统的能耗和运行成本，为火电厂的节能增效提供有力保障。

二、凝汽设备的经济运行策略

凝汽设备在火电厂汽轮机系统中扮演着关键角色，通过冷凝汽轮机排出的蒸汽将其转化为冷凝水回收循环。其经济运行不仅能够确保汽轮机维持高效排汽状态，还能提升整个系统的热效率，降低能耗和运行成本。实现凝汽设备的经济运行，需要优化冷凝器、真空泵以及辅助系统的协调工作，避免能源浪费并保持设备的长期稳定性。

（一）优化冷却水系统

冷却水系统的合理调节对冷凝器的运行效率至关重要，因为冷却水是冷凝器完成蒸汽冷凝的核心媒介，其流量和温度直接影响热交换效率和真空度的稳定性。

在经济运行中，应根据冷却水温度的变化，灵活调整水流量和泵的运行状态。在夏季或高负荷情况下，冷却水温度较高，增加流量以维持冷凝器内足够的冷却效果，防止排汽压力升高影响汽轮机效率；在低温季节或低负荷运行时，减少冷却水流量，降低循环水泵的电耗，避免不必要的能源浪费。

冷却水的回用与处理也是经济运行的关键环节，通过对循环水进行除污、除藻和防腐处理，减少水垢和生物污染对换热管的影响，维持冷凝器的高效运行。优化冷却塔的操作，提高冷却水的回收利用率，减少补充水量和排污水量，有助于降低运行成本。

在系统优化方面，采用变频调速泵控制冷却水泵的转速，使水流量与冷凝需求相匹配，避免因流量过大造成电能浪费；变频技术可以根据实时负荷调整水泵的运行状态，提高泵的效率，延长设备的使用寿命。

（二）真空系统的优化管理

真空系统是确保冷凝器高效运行的重要保障，其主要任务是维持冷凝器内部的低压状态，减小排汽阻力，提高汽轮机的热效率。在经济运行中，从真空泵的选择、运行控制以及密封管理等方面优化真空系统。

真空泵的合理配置是确保系统经济运行的基础，火电厂根据负荷需求和排汽量，合理配置真空泵的数量与规格，避免出现过多真空泵同时运行造成的电能浪费。在负荷较低的时段，停用部分真空泵，降低能耗。采用变频调速技术控制真空泵的转速，也能使真空系统的运行状态与负荷需求相匹配。

真空泄漏的管理是另一个关键环节，系统中的泄漏会降低真空度，导致冷凝器效率下降，增加排汽压力，进而影响汽轮机的经济性。技术人员应定期检查真空系统的密封性，对法兰、阀门和管道接口处进行检漏和修复。同时，使用真空系统的在线监测设备，实时掌握真空度变化，及时发现并处理泄漏问题。

优化排汽处理系统也有助于提高真空系统的运行效率，在冷凝器运行过程中，蒸汽中夹带的空气和不凝性气体会降低真空度，应通过抽汽设备及时排出。合理配置排汽设备，确保排汽流畅，减少真空泵的负荷，提高系统的整体经济性。

（三）设备的维护与清洁

科学的维护与清洁策略是保证凝汽设备长期经济运行的关键，在长期运行过程中，冷凝器内壁和管道容易积聚污垢和水垢，沉积物会降低热交换效率，增加系统能耗，因此制订系统化的维护计划至关重要的。

定期清洗换热管可以保持冷凝器的高效运行，清洗时，采用机械清洗和化学清洗相结合的方法；机械清洗适用于清除管内污垢，而化学清洗则能有效去除管壁上的水垢和腐蚀性产物。在清洗过程中，注意避免对管壁造成损伤，确保设备的使用寿命。

冷凝水管路的维护也是重要的环节，冷凝水回收系统的管道若出现泄漏或堵塞，不仅会影响水循环效率，还会导致系统真空度不稳。技术人员应定期检查冷凝水管路的密封性，及时更换损坏的密封件和管段，确保冷凝水的顺利回流。自动化监控系统的应用，可以提高设备的维护效率。通过在冷凝器和真空系统内安装温度、压力和流量传感器，实现关键参数的实时监测，技术人员能够及时发现系统中的异常状况，并进行预防性维护。

凝汽设备的经济运行策略是确保火电厂汽轮机系统高效、稳定运行的关键，通过优化冷却水系统，合理调节水流量和回用冷却水，减少电能消耗，提高冷凝效果；通过优化真空系统的管理，合理配置真空泵并加强泄漏管理，保证冷凝器维持高真空度，提升汽轮机的排汽效率；通过定期维护与清洁设备，保持冷凝器和管道的清洁与密封性，可以延长设备的使用寿命，降低故障率。科学的运行策略不仅能减少能源浪费，还能降低系统的运行成本，提高设备的经济性和可靠性。火电厂应根据负荷变化和运行工况，灵活调整凝汽设备的运行参数，并结合状态监测系统进行精准管理，实现凝汽设备的经济运行目标。

三、凝汽设备的能效优化措施

凝汽设备是火电厂汽轮机系统的重要组成部分，其主要功能是将汽轮机排出的蒸汽迅速冷凝为水，以维持汽轮机的排汽压力，确保机组高效运行。凝汽设备的运行效率直接影响真空系统的能耗和汽轮机的整体热效率。通过科学的能效优化措施，可以显著减少能源消耗，提高设备的经济性与可靠性。

（一）冷却水系统的优化

冷却水系统作为冷凝器热交换的核心环节，其运行状态直接决定了蒸汽的冷凝效率和系统的真空度。通过优化冷却水的供给与控制策略，可以提高换热效率，减少冷却水泵的电能消耗。

采用变频控制技术对冷却水泵进行调速，冷却水泵的运行状态应与冷凝器的热负荷需求相匹配，避免因水流量过大造成的电能浪费。变频控制根据实时负荷变化动态调整泵的转速，使其输出功率符合冷却需求，提高系统能效。

定期清理冷却水管道和冷凝器的换热表面，冷却水中的杂质容易在管道内壁和冷凝器管外沉积形成水垢，增加流动阻力并降低换热效率。通过定期清洗，保持管路的通畅和换热表面的洁净，确保冷却水流量和换热性能处于最佳状态。

合理选择冷却塔的运行策略也能提升系统能效，在低温环境下，可适当减少冷却塔风机的运行频率，降低电能消耗；在高温季节或高负荷时，确保冷却塔风机和喷淋系统的正常运行，降低冷却水温度，保证冷凝器的真空度稳定。

（二）真空系统的能效提升

真空系统的主要任务是维持冷凝器内部的低压状态，提高汽轮机的排汽效率。优化真空系统的运行策略，可以降低真空泵的能耗，确保系统长期高效稳定。

合理配置真空泵，避免设备冗余。真空泵的规格和数量应与系统需求相匹配。在负荷较低时，通过停用部分真空泵或降低泵速来减少不必要的电能消耗；在负荷较高时，则应确保真空泵的运行能力满足排汽需求，维持冷凝器的真空度。

加强系统泄漏管理，减少真空系统的无效运行。系统泄漏会导致真空度下降，需要真空泵长时间高负荷运行以维持冷凝器的压力。定期检查管道、阀门和法兰的密封情况，及时修复泄漏点，有效减少真空泵的运行负荷，提升系统能效。

采用自动化监测系统对真空度和排汽情况进行实时监控，有助于及时发现真空系统的运行异常。通过数据分析和报警系统，可以提前预测设备的运行风险，避免因真空度下降引发的系统效率降低。

（三）冷凝水质量管理与回收利用

冷凝水作为循环水的重要组成部分，其质量和回收率对系统的经济性和运行效率有着重要影响。优化冷凝水管理不仅能减少补水成本，还能提高系统的热效率和环保性能。严格控制冷凝水的水质，确保其符合锅炉回水的使用标准。冷凝器中的蒸汽冷凝后，水中会含有腐蚀性气体或杂质，影响锅炉的运行稳定性。应定期检查冷凝水的pH值、电导率和含氧量，并通过除氧器和过滤设备进行处理，确保冷凝水的清洁度。

优化冷凝水的回收系统，提高冷凝水的回收率。在冷凝水回收过程中，若管道或泵的设计不合理，会造成冷凝水的泄漏和浪费。应定期检查回收系统的密封性和管道状态，确保冷凝水能够顺利回流至锅炉或回热系统。采用能量回收装置也是提升系统能效的重要手段，部分火电厂在冷凝水回收过程中使用热泵或换热器，将冷凝水中的余热回收用于预热给水或其他工艺环节，从而减少燃料消耗，提高系统的整体热效率。

凝汽设备的能效优化是实现火电厂汽轮机系统经济运行的重要环节，通过优化冷却水系统，提高冷凝器的换热效率和冷却水泵的运行效率，可以减少电能消耗；通过优化真空系统，合理配置真空泵并加强泄漏管理，提升系统的运行稳定性；通过优化冷凝水的质量管理与回收利用，减少水资源的浪费，提高系统的经济性。

四、凝汽设备的维护与故障处理

凝汽设备是火电厂汽轮机系统的重要组成部分，其长期运行稳定将直接影响冷凝器的换热效率、真空系统的真空度，以及汽轮机整体运行的经济性和安全性。由于凝汽设备需要长期承受复杂的温度、压力变化和水质因素影响，定期的维护和科学的故障处理是确保设备高效运行的关键。以下内容将从日常维护、定期检修与检测、常见故障及处理策略三个方面，详细阐述凝汽设备的维护与故障处理。

（一）日常维护与监控

日常维护是确保凝汽设备安全、高效运行的重要基础工作，需要技术人员定期检查设备运行状态，发现潜在问题并及时处理。

对冷凝器的换热表面进行定期清理，冷凝管表面容易积累水垢和污垢，阻碍热传导，降低换热效率。技术人员应根据冷却水质情况制订清洗计划，采用化学清洗和机械清洗相结合的方式，确保管道内外表面洁净无垢；定期检测冷却水的水质，避免腐蚀性物质对冷凝器造成损坏。

定期检查真空泵的润滑系统和运行状态，真空泵的轴承、机械密封等部件需要保持良好的润滑状态，以减少摩擦和磨损。定期更换润滑油，确保润滑油的质量符合要求。同时监控泵的运行参数，如转速、压力和温度，发现异常时及时调整或更换部件。

加强冷凝水回收系统的监测，回收管路的密封性和冷凝水泵的运行状态直接影响系统的回水效率。技术人员应定期检查管道连接处是否有泄漏现象，确保冷凝水能够顺畅回流，提高系统的经济性。

（二）定期检修与检测

定期检修是延长凝汽设备使用寿命、避免设备故障的关键环节，火电厂应根据设备运行周期制订检修计划，结合实际情况灵活调整检修时间。

冷凝器的全面检测是定期检修的重要内容之一，技术人员通过超声波探伤、内窥镜检查等手段检测换热管是否存在腐蚀、裂纹或堵塞。如果发现管道存在严重的腐蚀或损坏，应及时更换相关管段，以防止蒸汽泄漏或真空度下降。

真空系统的密封性检测也是检修工作的重点，系统泄漏会导致真空度不稳定，影响汽轮机的排汽效率。检修时应对管道、阀门和法兰的密封情况进行全面检测，及时更换老化的密封件。同时，对真空泵的性能进行测试，确保其在高负荷状态下也能稳定运行。

在检修过程中，还应对排水系统进行全面清理与校准。冷凝器的自动排水系统若出现堵塞或故障，会导致冷凝水积聚，影响热交换效率；技术人员应清理排水阀及管道内的杂物，并校准液位控制器，确保系统能够在设定液位时自动排水。

（三）常见故障及处理策略

在凝汽设备的运行过程中，常见故障包括换热效率下降、真空度波动以及冷凝水系统泄漏等问题。技术人员需要根据故障类型快速诊断原因，并采取有效的处理措施。

换热效率下降通常由换热管内外的污垢或水垢引起，当发现冷凝器的温差减小时，优先检查管道内外是否有积垢，并进行化学或机械清洗。同时确保冷却水流量和温度正常，避免因冷却水不足或水温过高导致换热效果不佳。

真空度波动是另一个常见问题，通常由系统泄漏或真空泵故障引发。当真空度异常时，检查管道、阀门和法兰的密封性，并使用检漏设备定位泄漏点，及时进行修复。如果是由于真空泵性能下降造成的真空度不足，检查泵的润滑状态和密封部件，必要时更换磨损部件或进行泵体维护。

冷凝水系统的泄漏会导致冷凝水流失和真空度下降，泄漏的原因是管道连接处的密封件老化或冷凝水泵故障。技术人员应定期检查管路的密封状态，更换老化的密封件，并测试冷凝水泵的性能，确保其能够稳定工作。若排水系统发生堵塞，立即清理管道内的杂物，并检查排水阀和液位控制器的运行状态，以确保系统能够正常排水；如果液位控制器出现故障，需及时校准或更换，避免冷凝水积聚影响换热效果。

凝汽设备的维护与故障处理是确保火电厂汽轮机系统高效稳定运行的重要环节，通过日常监控与清洁维护，及时发现并解决设备的潜在问题，防止故障的发生；通过定期检修与检测，延长设备使用寿命，减少非计划停机的风险；通过科学的故障诊断与处理策略，快速应对常见问题，确保系统的真空度和换热效率处于最佳状态。

第五章　汽轮机的节能技术与节能设备

第一节　汽轮机本体的节能改造

一、汽轮机本体节能改造的必要性

汽轮机作为火电厂的核心设备之一，其运行效率对电厂的整体经济效益和能源消耗有着直接的影响。在当前全球能源紧缺和环境压力日益增大的背景下，如何提高汽轮机的运行效率，降低能源消耗，成为火电厂节能减排的关键任务。通过汽轮机本体的节能改造，不仅可以降低机组的单位能耗，还能提高设备的利用率，延长其使用寿命，进而提高火电厂的整体经济效益。因此对汽轮机本体进行节能改造具有重要的现实意义。

（一）汽轮机设计优化的重要性

汽轮机本体的设计是影响其运行效率的关键因素之一，在传统汽轮机的设计过程中，主要着眼于机组的功率输出和运行稳定性，而往往忽略能量损失的控制。通过对汽轮机本体进行优化设计，可以有效减少各类能量损失，提高机组的热效率。在汽轮机级间的叶片设计上，可以通过优化叶片的角度和形状，降低汽流的摩擦阻力，减少能量的散失；同时改进汽轮机的密封结构，减少漏汽现象的发生，能够显著提高汽轮机的工作效率。

汽轮机的通流部分也是节能改造的重点，通过改进汽轮机通流部件的设计，减少蒸汽在流经汽轮机时的压力损失和动能损失，从而提高热能转化为机械能的效率。特别是在高压和中压汽缸的改造上，通过提高汽缸内部的汽流组织水平，进一步提升汽轮机的热效率。

（二）高效材料的应用

在汽轮机本体节能改造中，材料的选择和使用也是至关重要的因素。传统汽轮机本体的材料多为常规的钢铁和合金，这些材料虽然具备一定的强度和耐热性能，但在高温高压环境下，其性能容易衰退，导致汽轮机的效率下降。采用更为高效的耐高温、耐腐蚀材料，是汽轮机本体节能改造的一个重要方向。

许多新型材料已逐步应用于汽轮机本体改造中，如钛合金、铝合金以及高温超导材料等。这些材料不仅具备更高的耐热性能，还能够在高温下保持稳定的物理化学性质，从而减少汽轮机本体在高温运行条件下的能量损耗。通过在汽轮机关键部位应用先进的涂层技术，如陶瓷涂层或纳米涂层，进一步增强材料的耐磨性和抗氧化能力，从而延长设备的使用寿命，并在一定程度上减少维护成本。材料的升级，不仅能够提高汽轮机的效率，还能减少设备的磨损与老化，从而实现节能降耗的目标。

（三）汽轮机负荷适应性的提高

汽轮机的运行工况会随着负荷的变化而产生波动，而不同负荷下的汽轮机运行效率是不同的。在传统设计中，汽轮机的运行负荷往往固定在某一特定工况下，使得汽轮机在其他负荷下的效率偏低。通过对汽轮机进行节能改造，可以提高其对不同负荷工况的适应性，进而提升全负荷范围内的运行效率。

具体措施包括通过改进调节系统，使汽轮机能够根据实际负荷情况自动调整运行参数，从而在不同负荷下保持较高的效率；改进汽轮机的冷端系统，采用变频调节技术，提高汽轮机在部分负荷时的运行效率。通过升级汽轮机的控制系统，使其能够更精确地控制蒸汽流量和压力，减少能源的浪费。

（四）汽轮机冷却系统的优化

汽轮机冷却系统的效率直接影响到机组的热效率，传统汽轮机的冷却系统设计往往以确保冷却效果为主，而未能充分考虑到系统本身的能耗问题。通过对汽轮机冷却系统的优化设计，能够在保证冷却效果的同时，降低冷却系统的能耗。

一种有效的节能改造措施是引入先进的冷却技术，如采用蒸汽冷却代替传统的水冷却技术。蒸汽冷却不仅能够提高冷却效率，还能够减少冷却水的消耗，从而降低系统的能源消耗。通过改进冷却系统的热交换效率，采用高效换热器材料和结构设计，进一步减少冷却过程中的能量损失。优化冷却系统的调节和控制装置，使其能够根据汽轮机的实际运行工况灵活调节冷却水流量或蒸汽流量，从而实现冷却系统的节能运行。

（五）汽轮机的定期维护与检修

汽轮机的运行状态直接关系到其节能效果，定期的维护和检修是确保汽轮机高效运行的重要保障。通过对汽轮机进行定期的维护与检修，及时发现设备运行中存在的隐患和故障，防止能量损失的进一步扩大。及时更换磨损的叶片、密封装置以及其他关键部件，能够有效提高汽轮机的密封性能和运行效率。

在检修过程中，还可以对汽轮机本体的各项性能参数进行全面检测，通过分析这些参数的变化，判断汽轮机运行中的能耗情况，进而制订针对性的节能改造方案。定期的清洗和保养也是必不可少的措施，特别是对汽轮机通流部分的积垢清理，可以有效减小蒸汽流动阻力，提升汽轮机的运行效率。

汽轮机本体节能改造是提升火电厂运行效率、降低能源消耗的关键环节，通过对汽轮机设计优化、高效材料应用、负荷适应性提升、冷却系统优化以及定期维护与检修等多方面的改进，可以有效减少能量损失，提高汽轮机的热效率。这不仅有助于降低火电厂的生产成本，还能够减少对环境的污染，实现节能减排的目标。汽轮机本体节能改造的实施，具有十分重要的现实意义和经济价值。

二、节能改造的技术方案

汽轮机本体节能改造是提升火电厂运行效率、降低能耗的重要手段。通过具体的技术方案实施，能够有效减少汽轮机在运行过程中的能量损失，提升其经济效益。当前节能改造的技术方案涵盖多方面，既涉及汽轮机内部结构的优化，也包括调节系统、冷却系统和材料的改进等技术手段。每种技术方案都针对不同的节能目标，能够在不同程度上提高汽轮机的整体效率。

（一）汽轮机叶片优化设计

汽轮机叶片是影响蒸汽能量转化效率的关键部件，其设计直接关系到汽轮机的热效率。传统汽轮机的叶片设计多以稳定性为主，但随着技术的进步，通过优化叶片的气动设计能够显著提高汽轮机的运行效率。在节能改造中，采用三维气动设计技术对叶片进行优化，可以减少汽流在叶片上的能量损失，并增强汽流的流动效率。

改造方案通常从以下几个方面展开：一是改进叶片的几何结构，通过调整叶片的扭曲角度和型线曲率，使其更符合蒸汽流动的特点，减少冲击损失和二次流损失；二是采用先进的叶片制造工艺，叶片表面采用纳米涂层技术，这种涂层可以有效降低汽流与叶片表面的摩擦系数，减少能量消耗。通过这种技术改造，可以大幅提升叶片的气动性能，进而提高汽轮机的整体热效率。改造过程中还可以对现有叶片进行强化处理，延长叶片的使用寿命，从而减少维护成本。

（二）汽轮机密封系统的改进

密封系统是影响汽轮机效率的另一个重要环节，在汽轮机运行过程中，蒸汽在汽缸内高速流动，由于密封不严密，容易出现漏汽现象，导致能量损失。密封系统的改进是节能改造中的重要内容之一，通过改进密封技术，可以有效减少漏汽，提高汽轮机的热效率。

目前广泛应用的密封改造技术包括动静密封优化和浮环密封等方案，动静密封优化主要通过改进汽轮机转子与汽缸之间的密封结构，减少漏汽路径，从而降低能量损失。浮环密封则采用先进的自调节密封结构，使密封环能够随蒸汽压力的变化自动调节间隙，从而在不同工况下都能保持良好的密封效果。近年来，新型高温耐磨密封材料的应用，也大大提高了密封系统的耐用性和密封效果。这些改造措施的实施，可以显著减少漏汽现象，进而提高汽轮机的能量利用率。

（三）汽轮机通流部分的改造

汽轮机通流部分是蒸汽流经汽缸并进行能量转化的关键区域，该部分的设计和运行状况对汽轮机的整体热效率有着直接的影响。通过对通流部分进行改造，能够有效减少蒸汽流动阻力和热能损失，提高能量转化效率。

通流部分的改造技术主要包括两方面：一方面是通过优化导流叶片和动叶片的结构，改善蒸汽流动的均匀性，减小流动阻力；另一方面是通过改善汽缸内部的汽流组织，减少蒸汽在汽缸内的涡流和回流现象。采用新的设计手段，如流场仿真技术，对汽缸内部的汽流进行精确分析，并根据分析结果调整通流部分的结构和布局，达到提高流动效率的目的。

采用高效的冷凝器和回热系统来优化通流部分的工作条件，进一步提升汽轮机的热效率。这种技术改造不仅能够降低汽轮机的能量损耗，还能够提高其经济运行的稳定性和安全性。

（四）汽轮机调节系统的智能化升级

汽轮机调节系统的优化改造是节能技术中的重要组成部分，传统汽轮机的调节系统多为机械式或液压调节，在响应速度和精度方面存在一定局限，导致汽轮机在不同负荷下的运行效率无法达到最优。随着数字化技术的发展，智能化调节系统逐渐应用于汽轮机节能改造中。

通过将先进的智能控制技术与汽轮机调节系统相结合，实现对蒸汽流量、压力、温度等参数的精确控制，从而在不同工况下都能保持汽轮机的高效运行。智能化调节系统能够根据负荷的变化自动调整运行参数，避免能量浪费。智能调节系统还能实时监测汽轮机的运行状态，及时发现运行异常并进行调整，从而减少故障率和停机时间。

这种改造不仅可以提高汽轮机的节能效果，还可以提高其自动化水平和运行安全性，为火电厂的经济运行提供了有力保障。

（五）低压缸改造与再热系统优化

低压缸是汽轮机中能量利用率较低的部分，尤其是在低负荷工况下，其效率往往偏低。针对这一问题，低压缸的改造成为节能技术的重要措施之一。通过采用先进的技术对低压缸进行优化，可以有效提高其能量利用率。

改造方案包括优化低压缸内的汽流通道设计，减少蒸汽在低压区域的压力损失；采用新型材料提高低压缸的抗腐蚀性和耐磨性，延长设备的使用寿命。再热系统的优化也是节能改造的重要环节。通过对再热系统进行改造，可以提高蒸汽的再热温度，增加汽轮机的做功能力，从而提高整体热效率。

（六）节能设备的引入与应用

在汽轮机节能改造过程中，引入节能设备是提升运行效率的重要手段。采用高效的余热回收设备，将汽轮机排出的废汽废热加以利用，转换为电能或其他形式的能量，从而减少能源的浪费。常见的节能设备包括热电联产系统、余热锅炉和冷凝器优化系统等。这些设备的应用不仅可以提高能源的利用率，还能够减少排放物对环境的污染。通过与汽轮机控制系统的深度整合，这些节能设备还可以实现智能化运行，进一步提升火电厂的经济效益和环保效益。

汽轮机节能改造的技术方案涵盖了叶片优化、密封系统改进、通流部分改造、调节系统升级、低压缸改造以及节能设备的应用等多个方面，这些技术方案的实施，能够从多个层面提升汽轮机的运行效率，减少能源消耗，延长设备使用寿命，为火电厂的经济运行和节能减排提供了有力支持。通过综合运用这些技术手段，汽轮机的节能效果将得到显著提升，进一步推动火电厂的高效运行。

第二节 汽轮机供热系统节能技术

一、供热系统的工作原理与能耗分析

汽轮机供热系统是火电厂供电与供热一体化的重要组成部分，其核心功能是将蒸汽的热能转化为机械能和热能，并通过热网将热量输送至用户。供热系统的运行效率对火电厂的整体能源利用率有着重要影响，深入了解供热系统的工作原理及能耗特征是实施节能技术的前提。

在供热过程中，汽轮机不仅承担着发电的任务，还要为外界提供热能，这使得供热系统在不同负荷下的运行状态极为复杂。蒸汽的利用方式、供热参数的设置、设备的运行效率都会直接影响系统的能源消耗。因此，分析供热系统的工作原理与能耗分布，对于实现系统的节能目标具有十分重要的现实意义。

（一）供热系统的工作原理

汽轮机供热系统的工作原理基于热电联产的基本模式，蒸汽在锅炉中通过燃料燃烧产生，经过汽轮机膨胀做功后，一部分蒸汽被用来推动汽轮机发电，而另一部分蒸汽则通过抽汽或背压的方式用于供热。

在热电联产系统中，汽轮机与供热系统之间的耦合关系十分密切。蒸汽在锅炉中被加热至高温高压状态后，进入汽轮机的高压缸做功，经过多级膨胀后，蒸汽的温度和压力逐渐降低。在供热模式下，部分蒸汽在低压缸做功之前被抽出，用于外部热网的供热需求。这种抽汽式供热系统的特点是能够在发电的同时回收一部分热量用于供热，从而实现电力和热力的双重输出，极大地提高了能源的综合利用率。

供热系统还可以采用背压式汽轮机，在这种方式下，蒸汽在汽轮机中膨胀做功后，直接以较高的温度和压力排放，用于供热。这种方式可以避免传统凝汽式汽轮机中冷凝器的能量损失，供热效率较高，但其发电量通常较低。

（二）供热系统的能耗分析

汽轮机供热系统在运行过程中，能耗的来源主要包括锅炉燃料的消耗、蒸汽做功过程中能量的损失、管网输送热量时的损耗以及辅助设备的能耗（表5-1）。

锅炉燃料的消耗是供热系统的主要能耗来源，在燃料燃烧过程中，锅炉的燃烧效率、烟气损失、排烟温度等因素都会影响燃料的利用率。特别是在负荷变化时，锅炉的运行效率往往会有所波动，导致燃料的消耗量增加。燃料的品质对供热系统的整体能耗也有显著影响，燃烧不充分的燃料会增加锅炉内的热损失，从而影响系统的能源利用效率。

蒸汽在汽轮机中的做功效率也直接影响供热系统的能耗，蒸汽在汽轮机膨胀过程中，能量逐步转化为机械能和热能，由于各级汽轮机的效率不同，蒸汽的膨胀做功能力存在一定的损失。特别是在部分负荷条件下，汽轮机的运行效率会有所降低，导致系统的能量转化率下降，增加单位能量输出的燃料消耗。

管网输送过程中存在的热损失也是供热系统能耗的重要组成部分，热网输送距离较长时，热量在管道中的散失会显著增加。管道的保温性能、热网的布局、输送蒸汽的压力和温度等因素都会影响热损失的程度。在热负荷变化较大的情况下，热网调节不当也会造成不必要的能源浪费。

供热系统的辅助设备，如循环水泵、风机、压缩机等在运行过程中消耗的电能，也是供热系统总能耗的一部分。这些设备的效率、工作状态以及与主机系统的匹配程度，都会对整个系统的能耗产生影响。如果辅助设备的选型或运行参数不合理，会导致辅助能耗过高，进而影响供热系统的整体节能效果。

表5-1 供热系统的能耗分析

能耗组成	单位能耗/MW	占比/%	节能潜力/%
锅炉燃料消耗	250	71.4	10
蒸汽做功损失	45	12.9	5
管网热损失	30	8.6	15
辅助设备能耗	10	2.9	20

(三)热电联产的节能效应分析

热电联产作为一种高效的能源利用方式,其节能效果显著。通过供热和发电的协同作用,能够将能源的利用率大幅提升。传统的发电系统通常以汽轮机为核心,经过锅炉燃烧后产生的热能通过汽轮机膨胀做功转化为机械能,但其中大量的热量被冷凝器吸收并排放,导致热能的浪费;而供热系统则能够有效回收这些热量,用于外部的供热需求,从而减少排放到环境中的废热,提高了能源的利用效率。

热电联产系统的节能效果体现在多个方面,通过将抽汽或背压蒸汽用于供热,减少了冷凝器的能量损失,提升了热能的回收率。供热系统的利用能够减少独立供热锅炉的使用,避免额外的燃料消耗和烟气排放,从而达到降低污染、节约能源的效果。热电联产系统的综合能效远高于单一的发电或供热方式,其能源利用率可以达到60%~80%,为火电厂的经济运行带来显著的效益。

(四)不同工况下的能耗表现

在不同的工况下,汽轮机供热系统的能耗表现存在较大差异。全负荷工况下,供热系统能够充分发挥热电联产的优势,蒸汽在汽轮机内完成最大限度的做功后,余热被充分回收用于供热,能源利用率较高。在部分负荷条件下,供热系统的能耗表现则相对不佳。

当系统处于低负荷工况时,锅炉、汽轮机和供热管网的运行效率都会有所下降。锅炉无法达到最佳燃烧状态,导致燃料消耗增加;汽轮机在低负荷下的做功效率也有所降低,导致能量利用效率下降;热网的输送效率降低,管道的热损失增加。这些因素叠加,导致供热系统在低负荷工况下的能耗显著上升。在节能改造过程中,优化不同负荷下的运行参数,提升系统的负荷适应性,对于降低能耗具有重要意义。

汽轮机供热系统作为火电厂热电联产的核心环节，其工作原理和能耗特性直接关系到电厂的经济效益和能源利用效率。通过对供热系统的工作原理和能耗构成进行深入分析，可以明确影响系统能耗的关键因素，并为节能技术的实施提供依据。供热系统的能耗主要集中在锅炉燃料消耗、蒸汽做功损失、热网输送损耗以及辅助设备的电能消耗。通过对这些能耗环节的优化，能够显著提升供热系统的整体能效，实现节能降耗的目标。

二、供热系统的节能技术措施

汽轮机供热系统作为火电厂的重要组成部分，既需要高效地发电，又要满足热负荷的需求，因而其节能技术措施至关重要。通过科学合理的技术改造和优化，可以在保持稳定供热的同时，显著降低系统的能耗，提高能源利用效率。这些措施覆盖从锅炉、汽轮机到供热管网的多个环节，通过技术提升和工艺优化来减少不必要的能量损失。以下是几种常见且有效的节能技术措施（图5-1）。

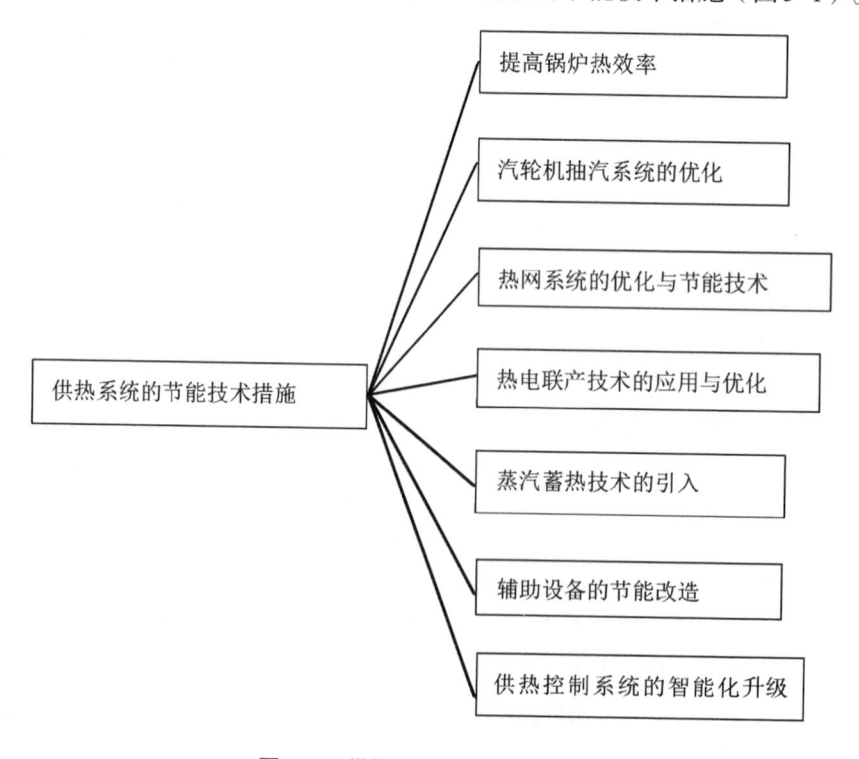

图5-1 供热系统的节能技术措施

（一）提高锅炉热效率

供热系统的热能来自锅炉，因此提高锅炉的热效率是实现供热系统节能的关键。传统锅炉在运行中存在燃料燃烧不完全、排烟热损失高等问题，导致系统能耗较大。通过一系列技术改进，能够有效减少这些热损失，从而提升锅炉的热效率。

在燃烧优化方面，采用低氮燃烧器或分级燃烧技术能够改善燃烧条件，减少未完全燃烧的燃料损失。精确控制燃料和空气的配比，保证锅炉在不同负荷下都能维持最佳燃烧状态，也可以提高燃烧效率。锅炉尾部的排烟余热回收装置，如空气预热器或烟气余热回收系统，能够利用排烟中的余热加热空气或水，从而减少排烟热损失。通过这些措施，锅炉的燃料消耗可以得到显著降低，供热系统的整体能耗也将有所改善。

（二）汽轮机抽汽系统的优化

汽轮机供热系统依赖于抽汽为热用户提供蒸汽，因此抽汽系统的优化在节能技术中占有重要位置。传统汽轮机的抽汽系统在不同负荷下的运行效率差异较大，导致部分负荷工况下的能源浪费。通过改造抽汽系统，可以提升系统的灵活性和适应性，减少不必要的能量损失。

优化措施之一是引入变工况抽汽调节技术，使汽轮机能够根据热负荷的变化精确调整抽汽量，从而在不影响发电效率的前提下实现供热需求的满足。变频调节阀是这一技术的核心，能够根据实时负荷变化灵活调节抽汽压力和流量，避免传统系统中抽汽量过大或不足的问题。采用分阶段抽汽的方式，根据用户需求将抽汽过程分为多个阶段，每个阶段的蒸汽温度和压力与实际需求更为匹配，从而提高能源利用效率。

（三）热网系统的优化与节能技术

供热系统的节能不仅限于汽轮机本身，热网系统的优化也是实现节能的关键环节之一。在热网输送过程中，由于管道热损失、输送压力过高或调节不当等问题，容易造成热能的浪费。通过对热网系统进行优化，可以有效减少热损失，提高输送效率。

改进管网的保温性能是降低热损失的基础措施，采用新型保温材料如纳米保温涂层或复合保温材料，可以显著减少管道热损失。优化热网的布局也是节能的重要手段之一，通过减少管道的长度和拐点数量，降低蒸汽输送过程中的压力损失和热量损失。引入热网平衡调节技术，能够通过自动化控制系统实时监测和调节管网中的流量和温度，从而确保供热负荷与热源输出之间的平衡，避免热量分配不均导致的浪费。

（四）热电联产技术的应用与优化

热电联产是一种高效的能源利用方式，能够同时提供电力和热力，显著提高能源的综合利用率。通过优化热电联产技术，进一步提升汽轮机供热系统的节能效果。具体措施包括优化汽轮机的运行方式、改进再热系统以及引入背压式汽轮机等。

背压式汽轮机在供热系统中应用广泛，其工作原理是利用汽轮机做完功后的排汽直接供热，从而避免了传统冷凝器的能量损失。这种方式的热效率较高，但需要与供热需求密切匹配。通过精确控制背压式汽轮机的蒸汽参数，能够在保持高供热效率的同时，确保发电和供热的双重效益。再热系统的优化也能提升热电联产的节能效果。通过提高蒸汽的再热温度，能够增加汽轮机的做功能力，提高系统的热效率，减少能源消耗。

（五）蒸汽蓄热技术的引入

蒸汽蓄热技术是近年来在供热系统中逐渐应用的一种节能技术，主要用于解决供热负荷波动导致的能量浪费问题。在实际运行中，供热负荷往往会随着外界条件变化而波动，传统供热系统难以快速响应这些变化，导致能量的浪费。通过引入蒸汽蓄热装置，可以有效平衡供热系统中的供需矛盾，避免不必要的能源损耗。

蒸汽蓄热技术的工作原理是将系统在低负荷或供热过剩时多余的热量储存起来，并在高负荷或供热需求增加时将储存的热量释放出来，从而保持系统的稳定运行。这种技术不仅能够提高系统的负荷适应性，还可以通过减少锅炉和汽轮机的频繁调节来降低能耗，延长设备的使用寿命。

（六）辅助设备的节能改造

供热系统中的辅助设备，如循环水泵、送风机、引风机等，虽然不直接参与发电和供热过程，但它们的能耗占系统总能耗的比例也不可忽视。通过对这些辅助设备进行节能改造，可以进一步降低系统的整体能耗。

在水泵和风机系统中，采用变频调速技术是常见的节能措施。传统的水泵和风机在不同负荷下运行时，通常采用恒速运行，导致能量浪费。变频调速技术可以根据系统的实际需求调整水泵和风机的转速，从而在保证供热和冷却效果的前提下，减少不必要的电能消耗。选择高效节能的电机和风机，也能够提高系统的运行效率，降低能耗。

（七）供热控制系统的智能化升级

供热系统的节能不仅依赖于硬件的改造，控制系统的智能化升级也是实现节能的重要手段。传统的供热系统多采用手动或半自动控制方式，难以及时响应负荷变化，导致能量浪费。通过引入智能化控制系统，实现对供热系统的精确调节和优化运行。

智能化控制系统能够实时监测供热系统中的各项参数，如蒸汽压力、温度、流量等，并根据实际负荷情况自动调整锅炉、汽轮机和热网系统的运行状态。这种自动化调节不仅提高了系统的响应速度，还减少了人为干预导致的调节误差，从而实现了系统的节能高效运行。

供热系统的节能技术措施涵盖了从锅炉、汽轮机到热网系统的多个环节，每个环节的节能优化都对系统的整体能效有着重要影响。提高锅炉的热效率、优化抽汽系统、减少热网的热损失、应用热电联产技术、引入蒸汽蓄热技术以及改进辅助设备等措施，能够有效降低供热系统的能耗，提升能源利用效率。这些节能技术不仅可以提高火电厂的经济效益，还为实现节能减排目标提供了有力支持。在实施这些技术措施时，需要结合供热系统的实际工况，因地制宜地进行优化和改造，才能达到最佳的节能效果。

三、供热系统的优化运行策略

汽轮机供热系统在火电厂中既要保证发电的稳定性，又要满足外部热负荷需求。因此，如何在满足这些要求的前提下最大化提高能源利用效率，是火电厂供热系统优化运行的关键问题。优化运行策略旨在通过合理的系统调控和负荷管理，减少能量损失，提升整体效能，从而实现经济运行和节能目标。

（一）合理调节供热参数

供热系统的运行效率与其供热参数直接相关，尤其是蒸汽的温度、压力和流量等因素。在实际运行过程中，供热参数往往因负荷变化和外界环境条件波动而发生变化，若调节不当，不仅会导致能耗上升，还会影响系统的稳定性。

通过精确的参数调节，可以确保蒸汽在供热过程中的热效率最大化。在蒸汽温度的控制上，蒸汽温度过低会导致热传递效率下降，而蒸汽温度过高则增加管道和设备的损耗。供热系统应根据实际负荷需求，灵活调整蒸汽的温度和压力，以实现能源的高效利用。对于大型热网系统，还可以考虑采用分区调节的方式，根据不同区域的热负荷需求，分别调控供热参数，避免不必要的能源浪费。

在调整供热流量时，应与电厂的发电需求相协调，既要保证外部热负荷的稳定供应，又要防止蒸汽的无效利用。可以通过引入先进的控制技术，实时监控供热系统的参数变化，确保供热系统在各种负荷条件下都能保持高效运行。

（二）优化负荷分配策略

在供热系统的运行中，负荷的变化是常见的现象，而不同负荷下的系统能耗水平有显著差异。优化负荷分配策略是提升供热系统经济性的重要措施。在负荷波动较大的情况下，合理的负荷分配不仅能平衡供热与发电需求，还能避免系统过载或低效运行。

在实际操作中，供热系统应根据热用户的负荷需求，科学安排供热量，并结合电厂的发电计划，合理分配汽轮机的负荷。当外部热负荷需求较低时，可以减少汽轮机的抽汽量，增加发电量，提升汽轮机的整体效率；而在热负荷需求较高时，则应优先保证供热需求，适当减少发电量。在负荷分配过程中，需密切监控系统的运行状态，避免因负荷分配不合理而引发系统波动或能量损失。

除了对系统整体负荷的优化，还可以通过负荷转移技术，将部分低效负荷转移至高效机组上运行。通过灵活调度各机组的运行状态，最大化利用高效设备的能力，减少低效设备的运行时间，从而提高整个供热系统的能源利用效率。

（三）智能化控制系统的引入

智能化控制系统在供热系统的优化运行中具有重要作用，传统供热系统多依赖人工调节，难以及时应对负荷变化，且调节精度有限，容易出现能源浪费现象。通过引入智能化控制系统，可以实现对供热系统的自动化和精确调节，大幅提升系统的节能效果。

智能控制系统能够对供热系统中的各项运行参数进行实时监测，并根据设定的优化目标自动调整运行状态。系统可以根据负荷变化自动调整锅炉的燃烧效率、汽轮机的抽汽量以及热网的供热参数，确保在各种运行条件下系统始终处于最佳能效状态。智能化控制系统还具备自学习功能，能够根据历史运行数据不断优化调节策略，进一步提升供热系统的运行效率。

智能化控制系统的引入还可以减少人为干预带来的误操作风险，确保供热系统的稳定运行。通过大数据分析和预测功能，系统能够提前识别潜在的故障风险，并进行预防性调节，从而提高系统的安全性和可靠性。

（四）热网平衡与调节技术

热网的运行状态直接影响供热系统的整体能效，特别是在大规模供热网络中，热网平衡与调节不当会导致局部区域过热或供热不足，进而增加能耗，优化热网平衡与调节技术是实现供热系统节能的关键措施之一。

通过合理的热网平衡调节技术，可以确保热量在热网各个区域的均匀分布，减少不必要的热量浪费。通过引入二次调节系统，能够根据不同用户的需求精确控制热量供应，避免供热过量或不足导致的能源浪费。对于大型热网，还可以通过动态平衡调节技术，根据实时监测的热网压力和温度数据，动态调整各区域的供热参数，确保系统在各种负荷条件下始终保持热量分配的平衡。

在调节过程中，还应充分考虑热网的输送效率问题。热网输送过程中会不可避免地发生热量损失，可以通过优化管道的保温性能、减少不必要的输送距离、合理设置调节阀门等措施，可以有效降低热网的输送损失，提高系统的整体运行效率。

（五）能源回收与余热利用

在供热系统的运行中，部分热量未被充分利用而排放至环境中，形成能量的浪费。通过引入能源回收与余热利用技术，可以有效减少这种能量损失，进一步提升供热系统的节能效果。

采用烟气余热回收技术，将排烟中的热量回收并用于加热空气或水，从而减少锅炉的燃料消耗。余热锅炉也可以有效利用汽轮机排汽中的余热，将其转化为热能供应给用户，进一步提升系统的能源利用率。这些余热回收技术不仅能够减少燃料消耗，还能够降低系统的排放量，具有显著的节能环保效果。

在能源回收过程中，还可以结合其他节能技术，如热泵技术、冷凝回收技术等，通过多种技术的协同作用，最大化提高供热系统的能源利用效率。

（六）定期维护与优化检修

供热系统的长期稳定运行依赖于设备的良好状态，定期的维护与优化检修是确保系统节能效果的重要手段。通过定期对系统中的关键设备进行维护和检修，能够及时发现设备的运行异常或效率下降的问题，防止能量损失的进一步扩大。

在维护过程中，重点应放在锅炉、汽轮机、管道系统和热网调节装置上。对于锅炉系统，需要定期清理燃烧室和换热器，保证燃烧效率和换热效率不受积灰或污垢影响。对于汽轮机，应定期检查叶片和密封装置，确保其能量转化效率不因磨损或泄漏问题而下降。管道系统的保温材料也应定期检查和更换，以保证输送过程中的热损失控制在最低水平。在检修过程中还可以结合系统运行数据，分析各部分设备的能耗表现，针对能耗高的部分进行改进和优化，从而实现供热系统的持续优化运行。

供热系统的优化运行策略包括合理调节供热参数、优化负荷分配、引入智能化控制系统、热网平衡与调节、能源回收以及定期维护等方面，这些措施通过对系统各环节的精细化调控，减少能量损失，提升能源利用效率。通过实施这些优化策略，火电厂能够在供热和发电的平衡中实现经济运行，达到节能降耗的目的。这些技术措施不仅能有效降低供热系统的能耗，还能提高系统的稳定性和可靠性，实现火电厂的可持续发展。

四、供热系统的维护与故障处理

汽轮机供热系统是火电厂运行的重要环节，其高效稳定的运行不仅依赖于合理的设计和优化的操作，还需要长期、有效的维护和及时的故障处理。供热系统中的设备复杂，长时间运行后会因机械磨损、热胀冷缩、腐蚀等原因出现故障。如果维护不及时或处理不当，不仅会导致系统效率下降，增加能耗，还会影响整个电厂的安全性和经济性。因此供热系统的维护与故障处理至关重要，关系到火电厂的整体运行效率。

（一）供热系统的定期维护

供热系统定期维护的目的是确保设备在最佳状态下运行，延长设备使用寿命，减少因故障导致的停机时间和能量损失。通过合理的维护计划，可以有效防止故障的发生，提升系统的运行效率。

锅炉系统的维护是供热系统中最为重要的一环，锅炉的燃烧效率直接影响到整个供热系统的热效率，因此定期清理锅炉燃烧室内的积碳、烟灰和其他沉积物至关重要。沉积物如果不及时清理，会影响锅炉的燃烧效果，增加燃料消耗。还应定期检查锅炉的燃烧控制系统，确保燃料和空气的配比合理，避免燃烧不完全现象的发生。

汽轮机的叶片、密封装置等关键部件的定期检查和维护也非常重要，叶片磨损、密封老化都会导致蒸汽泄漏，增加能耗。维护人员需要定期对叶片进行清洗、检测和更换，确保叶片表面的光滑度和结构完整性。密封装置的维护也应严格按照使用规范进行，防止密封失效导致的蒸汽泄漏。

热网系统的维护也不容忽视，管道的保温材料在长期使用过程中会发生老化或损坏，导致热损失增加。应定期检查和更换管道保温材料，特别是在冬季或寒冷地区，确保热量在输送过程中不被过度损失；调节阀门、泵站等设备的运行状态也需要定期检查，以保证系统运行的稳定性。

（二）故障监测与预防措施

供热系统的故障常常会导致系统效率降低，甚至造成系统停机或安全事故。建立完善的故障监测机制是确保系统稳定运行的重要保障，通过实时监测系统运行状态，能够在故障发生前采取预防措施，降低故障带来的损失。

许多火电厂已广泛应用在线监测系统，通过传感器实时采集锅炉、汽轮机、热网等设备的运行参数，包括温度、压力、流量等关键数据。这些数据可以通过控制系统自动进行分析和比较，发现异常情况时立即报警并采取措施。当蒸汽压力出现异常波动时，系统能够自动调节燃料供给，防止锅炉超负荷运行导致故障。

为了有效预防故障的发生，还应定期对系统的关键部件进行检查和检测。比如对汽轮机叶片的振动检测，可以及时发现叶片因疲劳或受损导致的振动异常，提前采取维修或更换措施，避免叶片断裂或其他更严重的故障。密封装置的泄漏检测也应定期进行，通过超声波检测或红外热成像技术，能够快速定位泄漏点，防止蒸汽损失和能耗增加。

（三）供热系统常见故障及处理方法

供热系统在长期运行中，会发生多种类型的故障。这些故障的处理需要快速、有效，避免对系统造成更大的影响。以下是几类常见故障及其处理方法。

1. 锅炉燃烧故障

锅炉燃烧不稳定是供热系统中常见的故障之一，通常表现为炉膛温度不均匀、燃烧效率低或出现烟气超标等情况。造成燃烧不稳定的原因包括燃料质量问题、燃烧器堵塞、燃烧空气不足等。针对这种情况，维护人员应及时检查燃料供应情况，清理燃烧器并调整燃烧空气量，确保燃料充分燃烧。

2. 汽轮机叶片磨损或损坏

汽轮机叶片在高温高压蒸汽的作用下容易发生磨损或断裂，如果叶片磨损严重，则会导致汽轮机效率下降，甚至引发叶片断裂的安全风险。一旦发现叶片磨损或损坏，应立即停机检修，必要时更换叶片，并对汽轮机内部进行全面检查，确保没有其他隐患。

3. 管道泄漏或保温层损坏

管道泄漏是供热系统中另一类常见的故障，通常由密封不严或管道老化引起。泄漏会导致热量损失，增加系统能耗，同时还会造成安全隐患。处理这种故障时，应确定泄漏位置，视情况采取密封修复或更换管道的措施。管道保温层损坏同样会增加热损失，维修人员应及时更换老化或破损的保温材料。

4.阀门故障

阀门在供热系统中起着关键的调节作用,但由于长期使用,阀门会出现卡滞、密封失效等故障,导致供热不均或系统效率下降。对于卡滞的阀门,进行清理和润滑,如果密封失效则需要更换密封件或整阀门。定期对阀门进行检测和维护,能够有效减少此类故障的发生。

(四)优化维护管理与人员培训

在供热系统的维护与故障处理过程中,优化维护管理与提升人员的技术能力同样至关重要。通过科学的维护管理和技术培训,能够提高故障处理的效率,减少系统停机时间。

建立完善的维护管理制度,包括设备巡检制度、定期保养制度和维修记录制度等。通过定期巡检,维护人员可以及时发现设备运行中的隐患,提前处理,避免小故障演变为大问题。详细的维护和检修记录对于分析故障原因、优化维护策略具有重要意义,通过对以往故障数据的分析,可以总结出设备的薄弱环节,制订更加合理的维护计划。

加强对技术人员的培训是保证供热系统高效运行的必要手段,技术人员需要具备扎实的理论知识和丰富的实践经验,才能在故障发生时快速、准确地作出判断和处理。通过定期的培训和演练,技术人员可以掌握最新的维护技术和故障处理方法,提高整体维护团队的应对能力。

供热系统的维护与故障处理在火电厂的运行管理中具有重要作用,通过定期维护和科学的故障监测,能够有效预防和减少系统故障的发生,保障供热系统的高效稳定运行。在故障发生时,及时、准确的处理措施可以将损失降到最低,避免对整个系统造成更大的影响。通过优化维护管理和提升技术人员的能力,供热系统可以实现长期的经济运行和节能效果,进一步提高火电厂的整体效益。

第三节 汽轮机冷端系统节能技术

一、冷端系统的节能技术措施

汽轮机冷端系统是火电厂运行中的关键组成部分，主要功能是通过冷却蒸汽来回收热能，并将其转化为机械能，用于发电或供热。冷端系统的效率直接影响到汽轮机的整体热效率和经济效益。如何通过合理的技术措施提升冷端系统的效率，是提高汽轮机整体运行效率、实现节能降耗的重要途径。冷端系统节能技术主要包括冷凝器的优化、循环水系统的改进以及散热器性能的提升等方面，以下对各项技术措施进行详细分析。

（一）冷凝器的优化改造

冷凝器是冷端系统中至关重要的设备，其主要作用是将汽轮机排出的蒸汽冷凝为水，降低蒸汽的温度和压力，从而提高汽轮机的做功能力。冷凝器效率的高低直接影响汽轮机的真空度，进而影响汽轮机的经济性。通过优化冷凝器的设计和运行方式，可以有效提升系统的热交换效率，减少能耗。

冷凝器管束的改进是优化措施的核心之一，通过采用高效换热材料或表面涂层技术，能够显著提高换热效率，减少冷凝管内外壁的热阻。还可以通过优化管束的排列方式，减少蒸汽在冷凝器内的流动阻力，降低冷凝器的压降，从而提升系统的热效率。特别是在大容量汽轮机中，管束优化对降低系统能耗、提升冷凝器性能具有显著作用。

冷凝器的维护与清洁工作也是提高其效率的重要手段，在长期运行过程中，冷凝器管束内壁容易积垢，影响热交换效率。定期清理冷凝器内部污垢，确保换热表面的洁净度，对于维持冷凝器的高效运行至关重要。采用在线清洗装置或化学清洗方法，可以减少停机时间，提高运行效率。

（二）循环水系统的节能改造

循环水系统是冷端系统的重要组成部分，其主要任务是为冷凝器提供冷却水，用以带走蒸汽冷凝过程中释放的热量。循环水系统的效率对冷凝器的冷却效果有直接影响，进而影响整个汽轮机的热效率。通过对循环水系统的节能改造，可以显著减少能耗，提高系统的冷却效率。

循环水泵的节能改造是提高循环水系统效率的关键，传统的循环水泵通常全速运行，导致在低负荷或部分负荷工况下产生不必要的能量浪费。采用变频调速技术，根据冷凝器的冷却需求动态调整水泵的转速，从而在不影响冷却效果的前提下，减少水泵的电能消耗。这种技术不仅可以降低系统的能耗，还可以延长设备的使用寿命。

优化循环水管网的设计和运行方式也是实现节能的有效途径，在大型火电厂中，循环水管网的布局往往较为复杂，管道的长度、弯曲和阀门设置等因素都会影响水流的阻力和能耗。通过优化管道设计，减少不必要的弯曲和阻塞，能够有效降低水泵的负荷，减少能耗。管道的保温和防腐措施也应加强，以防止在长距离输送过程中出现热损失和管道老化问题。

（三）冷却塔的优化与提升

冷却塔是循环水系统的重要组成部分，其作用是通过空气与循环水的热交换，降低循环水的温度，维持冷凝器的冷却效果。冷却塔的运行效率对循环水系统和冷端系统的整体性能有着直接影响。通过对冷却塔的优化设计和改进运行方式，可以提升其冷却能力，减少能耗。

冷却塔的风机优化是提升冷却效率的重要措施，传统冷却塔风机往往采用恒速运行模式，导致在不同气候条件下产生不必要的能耗。通过采用变频调速技术，可以根据实际气候条件和冷却需求动态调节风机转速，从而减少电能消耗，提升系统的节能效果。

冷却塔填料的选择对冷却效果有直接影响，高效填料能够增加空气与水的接触面积，提高热交换效率。在冷却塔改造过程中，选择适当的填料材料和优化填料布局，能够有效提升冷却能力，减少水温过高对冷凝器的负面影响。定期清洁冷却塔内部的积垢和污物，也有助于保持系统的高效运行。

（四）真空系统的优化与维护

真空系统是冷端系统的重要辅助设备，其主要作用是维持汽轮机排汽口的低压状态，从而提高汽轮机的做功能力。真空度的高低直接影响到汽轮机的热效率和冷端系统的运行效果。通过对真空系统进行优化改造和加强维护，可以进一步提高汽轮机的经济运行效率。

真空泵的节能改造是提升真空系统效率的关键措施之一，传统真空泵通常采用定速运行，能耗较高，特别是在负荷波动较大的情况下，定速真空泵容易出现过度运行的情况。通过采用变频调速真空泵，根据汽轮机负荷的变化动态调节真空泵的运行速度，确保在不同工况下都能维持适宜的真空度，减少能量浪费。

真空系统的泄漏检测与修复也是节能的重要手段，在实际运行中，真空系统由于管道老化、密封失效等原因，容易出现泄漏现象，导致真空度下降，影响汽轮机的运行效率。定期检查真空系统的密封状态，采用先进的泄漏检测技术，能够及时发现并修复泄漏点，避免真空度下降导致的能耗增加。

（五）余热回收与利用

在冷端系统的运行过程中，排放的废热往往是能量损失的主要来源之一。通过引入余热回收技术，可以将冷端系统排放的低品位热量加以利用，从而提高能源利用率，降低整体能耗。余热回收技术是冷端系统节能的重要手段之一。

一种常见的余热回收方式是将冷凝器排出的冷却水余热用于供热或其他低温热利用场合，这种方式不仅可以减少冷却水的排放量，还可以通过回收低温热量为火电厂或周边区域提供生活供热或工业用热；另一种方法是通过热泵技术，将冷端系统排放的废热转化为高温热能，进一步提高能量利用效率。这些技术的实施，能够有效减少冷端系统的能量浪费，实现显著的节能效果。

汽轮机冷端系统的节能技术措施涵盖了冷凝器优化、循环水系统改造、冷却塔优化、真空系统维护以及余热回收等多个方面，每一项技术措施都致力于减少系统运行中的能量损失，以提升系统的热效率。通过冷端系统的节能改造，不仅可以大幅降低火电厂的能源消耗，还可以提高设备的经济性和运行稳定性。冷端系统的优化是火电厂节能减排的重要手段之一，对于提高整个汽轮机系统的综合效率具有重要意义。

二、冷端系统的优化运行策略

汽轮机冷端系统在火电厂的整体运行效率中扮演着关键角色，作为能量回收与排放的核心环节，冷端系统直接影响汽轮机的热效率和经济效益。优化冷端系统的运行策略是提高火电厂节能效果的关键手段之一。通过合理的运行调节和系统优化，不仅可以降低能耗，还能提升系统的可靠性和稳定性。以下是几项重要的冷端系统优化运行策略。

（一）调整冷凝器真空度

冷凝器的真空度对汽轮机的热效率有着直接影响，较高的真空度可以有效降低汽轮机排汽的压力，提升汽轮机的做功能力，进而提高整个发电系统的热效率。然而，真空度的提高也伴随着能量消耗的增加，尤其是与真空系统的运行能耗密切相关。

在优化真空度时，根据汽轮机的负荷和环境条件进行调节。过高的真空度会导致真空系统的能耗上升，而过低的真空度则会影响汽轮机的热效率。保持适度的真空水平是提高经济性的关键，可以通过智能化控制系统，实时监控汽轮机的运行状态和环境温度，动态调整真空度，确保系统在最佳运行状态下实现节能效果。

定期检查真空系统的密封状态，防止泄漏对真空度的影响。通过维护和改进真空泵设备，可以在不同负荷条件下更加灵活地调节真空度，达到能耗和效率的平衡。

（二）优化循环水流量与温度控制

冷凝器的冷却效果直接依赖于循环水系统的运行效率，循环水的流量和温度是影响冷凝器冷却能力的两个重要参数。在不同工况下，合理调整循环水的流量和温度，不仅可以提高冷凝器的换热效率，还能显著降低循环水系统的能耗。

循环水流量的优化调节是提升系统运行效率的重点，在部分负荷运行时，过高的水流量不仅增加了水泵的能耗，还会导致冷凝效果不佳。采用变频调速技术对循环水泵进行动态调节，可以根据实际冷凝需求灵活调整水流量，以确保在不同负荷下保持最佳冷却效果。这样不仅可以降低水泵的电能消耗，还可以减少不必要的能源浪费。

循环水温度的控制也需要与环境温度和汽轮机负荷相协调，适度提高循环水的进水温度，可以减少冷凝器的热负荷，从而降低系统的能耗。在实际操作中，可以通过引入智能温控系统，实时监测外界环境变化，动态调节循环水的进出口温度，确保系统在低能耗状态下高效运行。

（三）提升冷却塔的运行效率

冷却塔是循环水系统中的关键设备，其效率直接影响到冷端系统的整体性能。通过优化冷却塔的运行参数和改进设备设计，可以有效提升冷却塔的散热能力，进而提高冷端系统的整体效益。

冷却塔风机的优化控制是提高效率的重要策略之一，传统冷却塔风机通常以恒定转速运行，容易在低负荷时产生不必要的电能消耗。通过采用变频调速技术，可以根据实际冷却需求动态调整风机的转速，既能减少能耗，又能确保冷却塔的最佳运行状态。还可以通过改进风机的叶片设计，增加空气流动的效率，进一步提升冷却效果。

优化冷却塔的水分布系统也是提高冷却效率的重要措施，水分布系统的均匀性直接影响到冷却塔的换热效果，若水分布不均匀，会导致部分区域的热交换效率低下。通过改进喷淋装置或调整分布管路的设计，可以确保冷却水在塔内均匀分布，减少局部过热现象，从而提高整体散热效率。

（四）加强冷端系统的智能化控制

在冷端系统的优化运行中，引入智能化控制技术是提高系统效率的重要手段。传统的控制系统往往依赖于人工操作和静态参数设置，难以及时响应外界环境和负荷的变化。智能化控制系统则通过大数据分析和自动调节技术，可以实现对冷端系统的实时监控和优化运行。

智能化控制系统能够根据汽轮机的实际负荷、环境温度以及冷端设备的运行状态，自动调整冷凝器真空度、循环水流量和冷却塔风机转速等参数，从而确保系统始终处于最佳运行状态。智能化控制系统不仅提高了冷端系统的响应速度，还减少了人为操作误差导致的能耗增加。智能化控制系统还能够进行故障预测和预防，及时发现冷端设备的运行异常，避免故障扩大的同时降低维护成本。通过智能控制，冷端系统的各项设备能够更加协调地运行，减少能量浪费，提升整体节能效果。这种技术的应用对于火电厂的长期经济运行和节能降耗具有重要意义。

（五）冷端系统的负荷管理与调度优化

负荷管理与调度优化是冷端系统节能运行中不可忽视的重要环节，冷端系统的能耗与负荷变化密切相关，不同的负荷条件下，冷端设备的效率表现差异较大。因此，科学合理的负荷管理与调度优化策略能够显著提高冷端系统的节能效果。

在负荷较低时，尽量减少冷端设备的运行负荷，通过适当降低循环水流量、减小冷却塔风机转速等措施，降低能耗；而在负荷较高时，及时增加冷端设备的运行负荷，确保冷却效果，防止由于冷却不充分而影响汽轮机的效率。通过合理的设备调度优化，可以充分发挥高效设备的作用，减少低效设备的运行时间。在负荷变化较大的情况下，优先调度运行效率高的冷却塔和循环水泵，最大限度地利用高效设备的节能潜力，减少不必要的能耗。

汽轮机冷端系统的优化运行策略包括调整冷凝器真空度、优化循环水流量与温度控制、提升冷却塔效率、引入智能化控制技术以及科学的负荷管理与调度。这些措施通过优化各个环节的运行状态，减少了不必要的能源消耗，提升了系统的整体热效率。在冷端系统的节能运行中，合理的策略不仅能够显著降低火电厂的运行成本，还可以提高设备的使用寿命和系统的稳定性。冷端系统的优化对于实现火电厂的节能减排目标和经济高效运行具有重要意义。

三、冷端系统的维护与检修

汽轮机冷端系统在火电厂中主要负责冷凝和排放低温蒸汽，其高效运行对于提高火电厂的整体经济效益和节能效果至关重要。由于冷端系统长期处于高温高压的运行环境中，设备的老化和损耗不可避免。定期的维护与检修对于保障冷端系统的安全、可靠运行至关重要，同时也是延长设备使用寿命、避免故障停机和降低能耗的有效手段。

（一）冷凝器的维护与检修

冷凝器是冷端系统中至关重要的设备，其主要作用是将汽轮机排出的蒸汽冷凝为水，从而降低蒸汽压力，提升汽轮机的整体热效率。冷凝器的维护与检修直接影响系统的运行效率和经济性。

冷凝器管束的清洗是维护工作的重点，在运行过程中，冷凝器管束内壁容易受到水垢、泥沙、腐蚀性产物的积累，导致热交换效率下降。为确保冷凝器的高效运行，需定期对冷凝器管束进行清洗，采用机械清洗或化学清洗的方法去除管束内的污垢和积聚物。机械清洗通常利用专用设备对管束内部进行清理，而化学清洗则利用酸碱溶液溶解沉积物，两者结合可以达到最佳效果。

冷凝器管束的泄漏检测和修复也是重要的维护内容，在设备长期运行中，由于金属疲劳和腐蚀，冷凝器管束出现破损或泄漏，导致冷却水渗入蒸汽系统，影响汽轮机的真空度和运行效率。定期进行泄漏检测，利用真空测试、气压测试或声学测试等手段及时发现泄漏点，并采取修复措施是确保冷凝器稳定运行的重要步骤。

冷凝器的管材选择和防腐处理也需考虑到其长期运行的耐久性，在检修过程中，如果发现管材严重腐蚀，需及时更换并加强防腐处理，采用耐腐蚀合金材料或内壁涂层技术，可以有效延长管束的使用寿命。

（二）循环水系统的维护与检修

循环水系统是冷端系统的关键环节，主要任务是为冷凝器提供冷却水，带走蒸汽冷凝时产生的热量。确保循环水系统的正常运行对整个冷端系统的效率具有重要影响，通过有效的维护与检修，可以避免循环水系统故障导致的冷凝器冷却不良、能耗增加等问题。

循环水泵的维护是重中之重，循环水泵的长期运行容易导致电机、电缆、轴承等部件的磨损，影响水泵的正常运转。定期对循环水泵进行检查，及时更换老化的轴承和电缆，调整电机和泵体的对中，能够防止因设备磨损引发的故障。循环水泵的叶轮清洗也是维护的重要内容，叶轮积垢会影响水泵的流量和压力，降低冷凝器的冷却效果。

循环水管道的清理和防腐工作也是系统维护的关键，在长期运行过程中，管道内壁会积聚泥沙、藻类和腐蚀性产物，导致水流阻力增加，系统效率下降。定期进行管道清理，确保水流通畅，可以大大提升系统的冷却能力。对于容易受到腐蚀的管道部分，采用内壁防腐涂层或高性能材料来延长管道的使用寿命，也是维护的重要手段。

循环水系统的调节阀门和检测仪表的维护也不能忽视，阀门的密封性能直接影响水流量的调节效果，长期运行后容易出现卡滞或泄漏，需定期进行密封件更换和阀体清洗。检测仪表的精度直接关系到系统的调控效果，因此应定期校准流量计、压力表和温度传感器，确保数据准确无误。

（三）冷却塔的维护与检修

冷却塔是循环水系统中的重要设备，主要负责通过蒸发散热的方式降低循环水温度，保证冷凝器冷却水的温度符合要求。冷却塔的性能直接影响到整个冷端系统的冷却效果，因此其维护与检修尤为重要。

冷却塔风机的维护应定期进行，冷却塔风机是冷却塔内空气流动的核心驱动装置，在长期运行中容易发生电机过热、风机轴承磨损等问题。定期检查风机的轴承、润滑系统和电机状况，必要时更换磨损部件，能够防止风机故障导致的冷却效果下降。

冷却塔的填料清洗和更换是确保散热效果的重要措施，填料是冷却水与空气进行热交换的核心介质，填料堵塞或老化会导致冷却效率下降。定期清理填料上的水垢、污泥，必要时更换老化填料，可以有效提升冷却塔的散热性能，维持系统的高效运行。

冷却塔的水分配系统维护也是重要的一环，水分配器负责将循环水均匀分布在填料上方，确保水与空气的充分接触。水分配器堵塞或分布不均会导致冷却效果不佳，需定期检查分配器的喷嘴，清理堵塞物，确保水流均匀分布。

（四）真空系统的维护与检修

真空系统是维持汽轮机低压排汽状态的重要组成部分，其运行效率直接影响汽轮机的热效率。真空系统的维护与检修主要包括真空泵、真空管路和密封件的检查与修复。

真空泵的检修是确保真空系统正常运行的关键，真空泵在长期运行过程中，容易出现泵体磨损、轴承老化和密封失效等问题。定期检查真空泵的各个部件，及时更换磨损零件，确保泵体的密封性和运行稳定性，对于维持系统的真空度至关重要。

真空管路的检查和清理也是维护工作的重要组成部分，真空管路的老化和泄漏会导致真空度下降，影响汽轮机的排汽效率。定期进行真空管路的泄漏检测，采用超声波或气压测试等手段发现泄漏点，并及时修复；清理管路内的杂质，避免堵塞影响真空效果。密封件的检查和更换是防止真空系统泄漏的关键，密封失效会导致空气进入真空系统，降低真空度，增加能耗；定期更换真空系统中的密封件，确保其长期保持良好的密封性能，是维护系统稳定运行的重要手段。

汽轮机冷端系统的维护与检修是保障火电厂高效、经济运行的基础工作，通过对冷凝器、循环水系统、冷却塔和真空系统等关键设备的定期维护和科学检修，可以有效减少系统故障、延长设备使用寿命、提高系统运行效率。这些措施不仅可以降低能耗，还能够确保汽轮机的稳定运行，提升火电厂的经济效益。冷端系统的长期可靠运行依赖于严格的维护管理和检修制度，只有通过科学有效的管理，才能实现系统的高效运行和节能目标。

第四节　汽轮机节能设备的应用

一、节能设备的类型与特点

汽轮机作为火电厂的核心设备，其运行效率直接影响电厂的能源利用率和经济效益。随着节能减排要求的日益提高，各种节能设备应运而生，这些设备通过减少能量损耗、提高热效率和优化系统运行，帮助火电厂实现更高的经济性和环保目标。节能设备在汽轮机系统中的应用不仅可以提升整体能效，还能有效延长设备使用寿命、减少维护成本。

（一）变频调速设备

变频调速设备是一种通过控制电机转速来实现节能的设备，广泛应用于汽轮机冷端系统中的循环水泵、风机、给水泵等辅助设备中。其核心原理是根据负荷需求动态调整电机转速，避免传统电机恒速运行时的能量浪费，尤其在负荷较低的工况下，变频调速设备可以大幅降低电机的能耗。

变频调速设备的一个显著特点是其灵活性，在传统运行模式中，水泵和风机的电机往往以满负荷运转，造成过度能耗，而变频设备能够根据实际需求自动调节转速，既保证系统的供热和冷却效果，又避免不必要的电能损失。变频调速设备还能显著减少设备的启动冲击，延长电机和相关机械部件的使用寿命。

应用变频调速设备后，汽轮机系统在部分负荷和低负荷工况下的能效得到显著提升。尤其在循环水泵和冷却塔风机中，变频设备不仅减少电能消耗，还降低冷却水系统的磨损，减少运行中的噪声和振动，进一步提升系统的经济效益。

（二）凝汽器在线清洗装置

凝汽器是汽轮机冷端系统中至关重要的设备，其主要功能是将汽轮机排出的低压蒸汽冷凝为水。随着运行时间的增加，凝汽器管束内壁会逐渐积累水垢和污垢，影响换热效率，增加汽轮机的能耗。凝汽器的清洁维护至关重要，而凝汽器在线清洗装置正是为此设计的一种节能设备。

凝汽器在线清洗装置通过自动清洗球循环系统，能够在汽轮机运行过程中对凝汽器管束进行连续清洗，防止水垢和沉积物的积累，保持管束的高效换热性能。其特点是无须停机检修，能够实现清洗过程的自动化和连续化，从而减少停机时间，提高系统的运行效率。

相比传统的定期手动清洗方式，在线清洗装置能够避免因结垢导致的凝汽器效率下降问题。通过实时清洗，凝汽器的换热效率得以长期保持在较高水平，汽轮机的热效率也因此得到提升，进一步减少燃料消耗和运行成本。在线清洗装置还具有安装简单、操作方便、清洗效果显著等特点，是一种经济高效的节能设备。

（三）热电联产设备

热电联产设备是一种集发电和供热功能于一体的高效节能设备，广泛应用于需要同时满足电力和热力需求的火电厂。通过对蒸汽的综合利用，热电联产设备能够在生产电能的同时，将余热回收用于供热或其他工业用途，从而大幅提高能源的综合利用效率。

热电联产设备的特点是能够实现"热电双赢"，即在电厂正常发电的基础上，回收汽轮机中尚未完全释放的热能，减少能源的浪费。这种设备的能效远高于单纯的发电设备，其能源利用率可高达80%。尤其在供热需求较高的地区，热电联产设备不仅能够提高电厂的经济效益，还减少了独立供热系统的燃料消耗和排放，有效缓解了环境压力。

热电联产设备的灵活性较高，能够根据实际需求调整发电和供热的比例，既能满足不同负荷条件下的电力需求，又能为附近的居民区或工业区提供稳定的热源。通过对余热的充分利用，热电联产设备大大提升了能源的利用效率，是汽轮机节能领域中不可或缺的技术手段。

（四）余热回收装置

余热回收装置是另一类重要的节能设备，主要用于回收汽轮机及其辅助设备中未被充分利用的低温废热，将其转化为可利用的热能或电能。余热回收装置的核心作用在于减少废热排放，提升整体系统的能效。

一种常见的余热回收装置是热泵系统，通过将低品位的余热提升至更高的温度，热泵系统能够将原本无法利用的低温废热转化为工业加热、供暖或生活热水等用途；余热回收装置还包括热电转换设备，能够通过有机朗肯循环（ORC）等技术，将废热转化为电能，进一步减少对外部能源的依赖。

余热回收装置的特点在于其高效节能、绿色环保，通过充分利用余热，不仅可以减少热量的直接排放，还能降低燃料的消耗量，减少温室气体和污染物的排放。这种设备适用于高温废气排放量大的工业企业和电厂，是实现节能减排目标的重要手段之一。

（五）真空系统优化设备

真空系统优化设备通过提高汽轮机排汽系统的真空度，能够有效提升汽轮机的运行效率。真空度的高低直接影响到汽轮机的热力循环效率，较高的真空度能够降低汽轮机排汽压力，增加汽轮机的做功能力。真空系统优化包括使用高效真空泵、密封装置改进和真空管路优化等。

高效真空泵是优化真空系统的核心设备，传统真空泵的能耗较高，特别是在低负荷条件下，传统真空系统难以实现灵活调节。高效真空泵采用变频调速技术，能够根据实际负荷需求自动调整泵速，在维持高真空度的同时降低能耗。密封装置的改进和管路优化可以减少真空系统中的泄漏点，进一步提高系统的稳定性和节能效果。真空系统优化设备的应用，能够显著提高汽轮机的真空度，提升其热效率，同时降低真空泵的运行能耗和维护成本。

汽轮机的节能设备种类丰富，各具特色，涵盖变频调速设备、凝汽器在线清洗装置、热电联产设备、余热回收装置和真空系统优化设备等。这些设备通过不同的技术手段，在汽轮机运行的各个环节实现了节能增效。它们不仅提高能源利用效率，减少能源浪费，还延长设备的使用寿命，降低运行维护成本。随着火电厂对节能减排要求的日益提升，这些节能设备的应用将进一步推动汽轮机系统的经济运行和环保发展。

二、节能设备的选择与应用效果

在火电厂的运行中，汽轮机作为核心设备，能耗占比极高。为提升火电厂的整体经济效益与能源利用效率，节能设备的选择与应用尤为关键。节能设备的选择不仅要根据系统的实际运行情况，还要考虑设备的可靠性、节能效果以及经济性。通过合理选型和科学应用，火电厂可以显著提升汽轮机的运行效率，降低能耗。

（一）变频调速设备的选择与应用效果

变频调速设备是火电厂常用的节能装置，广泛应用于汽轮机的辅助系统中，如循环水泵、冷却塔风机和送风机等。其核心功能是根据实际工况调节设备的运行速度，避免传统电机因恒速运行导致的能量浪费。选择合适的变频调速设备可以显著提高系统的能效。

在选择变频调速设备时，要考虑设备的调节范围和精度。汽轮机辅助设备在不同负荷条件下的运行需求差异较大，因此变频调速设备需要具备广泛的调节能力，能够在不同负荷下灵活调整电机的转速，确保设备以最小的能耗实现预定的工作目标。变频设备的响应速度和调节精度也是选择时的重要参数，较快的响应速度和较高的调节精度能够有效减少因负荷波动导致的能耗损失。

变频调速设备的应用效果十分显著，在冷却塔风机的应用中，通过变频调速技术调节风机转速，根据环境温度和冷却需求实现灵活控制，可以降低电机的能耗30%～50%。在循环水泵的应用中，变频调速设备能够根据冷凝器的实际冷却需求，实时调整水泵的转速，避免不必要的高流量运行，节能效果同样突出。

（二）凝汽器在线清洗设备的选择与应用效果

凝汽器是汽轮机冷端系统的关键设备，其换热性能直接影响汽轮机的热效率。凝汽器管束长期运行后，容易因为水垢和沉积物的积累导致换热效率下降，进而影响汽轮机的整体能效。凝汽器在线清洗设备的选择和应用，可以有效避免因结垢导致的能效下降问题。

在选择凝汽器在线清洗设备时，要考虑设备的清洗效率和清洗频率。理想的在线清洗设备应该能够在不影响汽轮机正常运行的前提下，对凝汽器管束进行持续清洗，确保管束表面保持良好的换热性能。设备的可靠性也是重要的选择因素，凝汽器在线清洗设备通常需要长期运行，因此设备的耐用性和自动化程度必须足够高，以减少运行中的故障和人工干预。

凝汽器在线清洗设备的应用效果非常显著，通过持续在线清洗，能够有效减少水垢的形成，保持凝汽器的高效换热状态，提升汽轮机的真空度。研究表明，在线清洗设备的应用可以使凝汽器的传热效率提升5%～10%，进而提高汽轮机的整体热效率。这不仅有助于减少燃料消耗，还能显著降低维护和检修成本，延长凝汽器的使用寿命。

（三）热电联产设备的选择与应用效果

热电联产设备通过将汽轮机发电过程中产生的余热进行回收利用，实现电力和热力的双重输出，是一种极具节能潜力的设备。热电联产的选择不仅要基于电厂的电力和热力需求，还需要考虑设备的热电转换效率和系统匹配性。

在选择热电联产设备时，需要考虑设备的热电转换效率。高效的热电联产设备能够在最大限度地发电的同时，回收汽轮机的余热用于供热或工业加热，提高能源利用效率。设备的热力需求与电力需求的匹配程度也是关键因素，如果供热能力远超需求，会导致余热无法完全利用，造成能源浪费。

热电联产设备的应用效果非常明显，通过将原本排放的余热用于供热，能源的综合利用率可以从传统发电模式的40%提升至80%左右。尤其在需要同时满足电力和热力需求的地区，热电联产设备不仅提高了电厂的经济效益，还有效降低了独立供热系统的能源消耗，减少了污染物的排放，具有良好的环保效果。

（四）余热回收设备的选择与应用效果

余热回收设备是火电厂中用于回收低品位余热的重要节能设备，其主要作用是将原本无法利用的低温废热转化为可用于供暖、生产或发电的高温热能，进一步提升能源的利用率。余热回收设备的选择不仅要考虑回收效率，还要兼顾系统的兼容性和维护便利性。

在选择余热回收设备时，关注设备的回收效率。高效余热回收设备能够从低温废热中提取更多的可用能量，提升整个系统的能源利用率。设备与现有系统的兼容性也十分重要。余热回收设备应能够无缝对接现有的汽轮机和冷端系统，避免因安装不当造成的能效损失。设备的维护成本和操作便捷性也是选型时需要考虑的因素，理想的设备应具备简单易操作的特性，以减少运行中的人工维护投入。

余热回收设备的应用效果非常显著，尤其在高温废气排放较多的工况下，余热回收设备可以将热能转化为工业蒸汽或电能，有效降低能源消耗。研究表明，通过余热回收设备，火电厂的整体能效可以提升5%～10%，燃料使用量大幅减少，同时降低了温室气体和污染物的排放，对于节能减排目标的实现具有重要意义。

（五）高效真空系统的选择与应用效果

高效真空系统的作用是通过提高汽轮机排汽端的真空度，降低排汽压力，提升汽轮机的做功能力。选择高效真空系统时，设备的密封性、调节能力和耐用性是主要考虑因素。

在选择高效真空系统时，确保设备具有良好的密封性。真空系统的泄漏不仅会降低真空度，增加能耗，还会引发设备的故障。密封性能好的真空系统能够有效减少运行中的真空泄漏问题。设备的调节能力也十分重要，高效真空系统应能够根据不同负荷灵活调整真空度，确保在不同工况下保持高效运行。设备的耐用性和维护便利性也是选型时的重要参考，设备应能够在长时间运行中保持稳定性能，减少维护成本。

高效真空系统的应用效果表现在显著提高汽轮机的排汽效率，研究表明，通过优化真空系统，汽轮机的热效率可以提升2%～5%，有效减少燃料消耗和排放。同时，高效真空系统的维护成本相对较低，其可靠性较传统设备更高，是提升火电厂节能效果的重要手段。

节能设备的合理选择与应用对提高汽轮机系统的整体效率具有重要作用，变频调速设备、凝汽器在线清洗设备、热电联产设备、余热回收设备和高效真空系统等设备，通过各自的技术特点，在不同工况下显著降低了能耗、提高了热效率。火电厂通过科学选择和应用这些节能设备，不仅能够实现节能降耗，还能提升经济效益，减少污染排放。这些设备的合理搭配与优化应用，为火电厂的可持续发展提供了有力的技术支持。

三、节能设备的维护与保养

在火电厂中，汽轮机节能设备的有效运行对于提高系统效率、降低能耗具有关键作用。节能设备的长期高效运行不仅依赖于设计和安装的合理性，更离不开日常的维护和保养。通过科学、规范的维护和保养措施，能够有效延长设备的使用寿命，减少故障发生率，确保设备始终处于最佳工作状态。

（一）变频调速设备的维护与保养

变频调速设备是火电厂广泛应用的一种节能设备，主要用于调节循环水泵、冷却塔风机等辅助设备的转速，从而优化电机能耗。由于变频调速设备涉及电子元件和机械部分，其维护与保养需要特别关注。

变频调速器的电子元件对环境条件要求较高，运行中需要确保控制柜内部的干燥和清洁。湿气、灰尘以及过高的环境温度都会导致电子元件故障，影响设备的运行稳定性。定期检查控制柜的密封性，确保通风散热装置正常工作，能够有效防止元件过热。对于灰尘积聚的问题，可以定期清理设备表面和内部的积尘，避免灰尘导致的电气短路和过热问题。

变频调速设备中的电缆和连接部件需要定期检查，电缆的老化、松动或连接部件的接触不良，都会导致电机无法正常调速，增加设备故障的风险。定期对电缆连接处进行检查和紧固，必要时更换老化的电缆，可以确保设备在长时间运行中保持稳定。

变频调速器的散热风扇和滤网也是保养重点，散热不良会导致设备内部温度升高，影响电子元件的使用寿命。定期清理或更换滤网，确保散热通道畅通，并检查风扇的运行状态，及时更换老化或有故障的风扇。

（二）凝汽器在线清洗设备的维护与保养

凝汽器在线清洗设备的主要功能是通过自动清洗，防止凝汽器管束内积垢和堆积污物，保持管束的高效换热能力。为了确保在线清洗设备的长期有效运行，定期维护与保养至关重要。

清洗球的状况需要定期检查，在线清洗系统通过清洗球的循环清洗凝汽器管束，清洗球的磨损情况会直接影响清洗效果，磨损严重的清洗球无法保证有效的清洗效果，甚至在管束内滞留，导致系统堵塞。定期检查清洗球的磨损情况，及时更换失效的清洗球，能够确保设备的持续高效运行。

管道和清洗水泵的运行状态也需要重点关注，清洗水泵是推动清洗球循环的重要设备，水泵性能下降会影响清洗效果。定期对水泵的流量、压力和电机状况进行检查，确保其处于最佳运行状态。清洗管道的畅通性也是影响清洗效果的重要因素，定期清理管道内部的沉积物，能够有效防止管道堵塞。

控制系统的维护也是确保凝汽器在线清洗设备正常运行的关键，控制系统负责监控清洗过程中的各种参数，并根据设定的清洗周期和工作条件进行自动调节。定期检查控制系统的各项传感器和执行器，确保其正常工作，能够防止因控制失误导致的清洗效果不佳或设备故障。

（三）热电联产设备的维护与保养

热电联产设备在火电厂中广泛应用，通过将汽轮机产生的余热用于供热，从而实现能量的综合利用。为了确保热电联产系统的稳定运行，维护与保养工作应覆盖系统的各个组成部分。

热电联产系统中的换热器需要定期清洗和检修，由于换热器在余热利用过程中承受高温高压的工作环境，其内部管道容易积垢和发生腐蚀。积垢会导致热交换效率下降，增加能源消耗。定期对换热器进行机械清洗或化学清洗，能够保持其良好的换热能力；检查换热器的防腐层和密封性能，必要时进行修复或更换，防止系统泄漏或损坏。

供热管网的维护也不容忽视，热电联产设备通过管网向外界输送热能，管网的运行状态直接影响系统的供热效率。供热管网长期使用后，管道内部会出现腐蚀、漏水等问题。定期对管网进行泄漏检测和防腐处理，可以有效减少热量损失，提升系统的经济效益。

热电联产系统的调节阀门和控制装置需要定期检查和校准，阀门的运行状态直接影响热量的分配和系统压力的调节，定期检查阀门的密封性能，校准控制装置的精度，可以避免供热不均或能源浪费现象的发生。

（四）余热回收设备的维护与保养

余热回收设备在火电厂中主要用于回收低温废热，提升能源利用效率。由于余热回收设备通常涉及换热器、管道和热泵系统，其维护和保养工作需要针对这些关键部件进行。

余热回收设备中的换热器需要定期清洗，换热器的清洁度直接影响系统的回收效率，换热管内部的沉积物会导致换热效果显著下降。定期对换热器管道进行清洗，保持其内部畅通，可以有效提高余热回收的效率。还需检查换热器的密封性能，防止因泄漏导致的热量损失。

余热回收设备中的热泵系统也是维护的重点，热泵系统通过提升低温废热的温度，使其转化为可利用的热能。热泵的压缩机和制冷管路在长期运行中容易出现老化和泄漏问题，需定期检查压缩机的工作状态，确保制冷剂的充足和循环管道的密封性。

余热回收系统的控制系统也需要定期维护，控制系统负责调节余热的回收和分配，定期检查控制器的传感器、执行器和调节装置，可以确保系统的自动化运行，避免人为干预造成的能效降低。

（五）高效真空系统的维护与保养

高效真空系统通过提高汽轮机排汽口的真空度，提升汽轮机的运行效率。由于真空系统对密封性和设备精度要求较高，其维护与保养尤为关键。

真空泵的维护需要特别关注，真空泵是保持系统真空度的核心设备，长期运行中容易出现泵体磨损、轴承老化和密封件失效等问题。定期更换磨损的轴承、检查泵体的密封性能，确保真空泵在最佳状态下运行，是保持系统高效运行的必要措施。

真空管路的密封检查至关重要，真空系统中的管道泄漏会导致真空度下降，增加汽轮机的能耗。定期进行泄漏检测，采用超声波或压力测试等方法，能够及时发现管道的泄漏点并进行修复。真空系统的控制装置也需要定期检修，真空控制器通过监测系统的真空度，自动调节泵速和压力。定期校准控制器的精度，确保传感器和调节装置的灵敏度，能够保证系统在不同负荷下的高效运行。

节能设备的维护与保养是火电厂实现长期节能高效运行的关键环节，通过对变频调速设备、凝汽器在线清洗设备、热电联产设备、余热回收设备和高效真空系统的定期维护和科学保养，能够确保设备长期保持高效稳定的运行状态，延长设备使用寿命，减少故障发生。

四、节能设备的发展趋势与前景

随着全球能源危机的加剧和环境保护要求的提升，火电厂汽轮机的节能技术和设备不断得到改进与升级。节能设备作为提高汽轮机运行效率、降低能耗的核心手段，扮演着越来越重要的角色。现阶段，许多火电厂已经应用了各种先进的节能设备，如余热回收装置、高效热交换器和智能化控制系统等。这些设备不仅能够有效降低燃料消耗，还能减少污染物排放，从而达到节能减排的目的。

（一）节能设备的技术升级趋势

随着现代工业的不断发展，汽轮机节能设备的技术升级方向逐渐明确，设备智能化、高效化和多功能集成化成为未来的发展重点。

智能化是节能设备发展的重要趋势之一，通过引入先进的传感器、数据采集和处理技术，节能设备可以实现自动化运行与控制，减少人为干预，提升设备运行效率。智能节能设备不仅能够实时监测设备的运行状态，还可以对运行数据进行分析与优化，从而进一步降低能耗。智能化的汽轮机余热回收装置能够根据汽轮机的实时工况调整工作模式，自动优化热量回收效率。数据分析平台通过对运行参数的跟踪，识别出设备的最佳工作状态，减少能源浪费。智能化的引入还可以帮助提前发现潜在故障，减少非计划停机的发生，从而保障设备的长期高效运行。

节能设备的高效化升级体现在设备设计的优化与材料的创新，通过采用先进的设计理念与工艺技术，现代节能设备在提高能源利用率方面取得了显著进展。高效热交换器的设计不仅增强了热能传递效率，还减少了热损失，使得设备在不同工况下均能保持高效运行。材料的进步也为节能设备的高效化提供了有力支撑，耐高温、耐腐蚀的新型材料广泛应用于节能设备中，特别是在高温高压环境下工作的汽轮机节能设备。这些材料的使用延长了设备的使用寿命，降低了设备维护频率，并提高了设备的整体可靠性。

随着节能需求的多样化，节能设备的功能不再仅限于单一的能耗降低。多功能集成化已成为节能设备发展的重要方向。现代节能设备在进行能量回收、转换和利用的同时，还能够兼顾污染物控制、系统安全保护等功能。将不同功能模块集成于同一设备中，不仅能够提升设备的综合效益，还能降低设备占用空间和投资成本。某些汽轮机的余热回收装置集成了热能回收与废气净化功能，该设备一方面通过热能回收实现了能量的二次利用，另一方面还通过废气处理技术减少了有害气体的排放。集成化设计的应用使得节能设备的整体运行更加高效，也为火电厂的节能减排提供了更为完善的解决方案。

（二）节能设备的应用前景

节能设备的广泛应用前景来源于其在提升能源利用效率、降低环境污染以及提高火电厂经济性等方面的多重优势。随着节能技术的不断完善和产业需求的进一步增强，节能设备将在火电厂中扮演着更加重要的角色。

节能设备在降低能源消耗方面的应用前景十分广阔，通过余热回收、汽轮机优化运行等手段，节能设备能够将以往被浪费的能量重新加以利用，从而大幅降低整体能耗。余热回收设备能够将汽轮机排放的废热重新用于供热或发电，提高了能源利用率，减少了火电厂的燃料消耗。这一节能手段不仅直接降低能源成本，还为火电厂的经济运行创造了更多利润空间。

节能设备对环境污染的控制也具有重要意义，火电厂作为传统能源的主要消耗者，往往伴随着大量的污染物排放。通过配备节能设备，火电厂可以有效减少废气、废水和废渣的排放，减少对大气和水体的污染。先进的废气处理设备能够将烟气中的有害成分进行有效处理，使其达到环保标准后排放，从而减少二氧化硫、氮氧化物等污染物的排放量。节能设备的应用也有助于降低碳排放，现代节能设备通过提高燃料利用率、减少能源损耗，能够有效减少火电厂的二氧化碳排放量，为全球的碳减排目标作出贡献。

随着节能设备的广泛应用，火电厂的经济效益得到了显著提升。通过节能设备的应用，火电厂不仅能够减少能源浪费，还可以降低设备运行维护成本，延长设备的使用寿命。通过智能化的监控与管理系统，设备的维护变得更加高效，减少了突发故障和停机的风险。这些改进都直接为火电厂带来了经济效益的提升。节能设备还可以帮助火电厂获得国家的节能补贴政策支持，进一步降低运营成本。随着全球对节能环保产业的重视，未来政府对于节能设备应用的支持力度将会进一步加大，火电厂可以通过节能设备的应用获得更多的政策红利。

节能设备的应用还促进了技术更新和国际合作，在全球化的背景下，节能技术和设备的开发已不再局限于单一国家或地区。国际技术合作与经验分享，加速了节能设备的研发与应用进程。许多火电厂通过引进国外先进的节能设备技术，结合本地的实际运行需求，进行了技术改造和升级，取得了显著的节能效果。随着节能设备技术的不断进步和成熟，火电厂节能设备的应用前景将会更加广阔。国际技术合作不仅可以提高设备的技术水平，还能够有效降低设备制造和运行成本，为火电厂的节能目标提供更加多样化的解决方案。

节能设备在汽轮机节能技术中的应用正呈现出智能化、高效化和多功能集成化的发展趋势，通过技术升级和材料创新，节能设备在提升能源利用率、减少污染排放、提高经济效益等方面取得了显著成果。随着节能技术的不断进步和国际合作的深入，节能设备将会在火电厂的节能降耗中发挥更大的作用，助力火电厂实现经济运行和环保目标。

第六章　汽轮机智能化节能技术的创新应用

第一节　汽轮机数字电液控制系统设计

一、数字电液控制系统的原理与构成

随着火电厂对汽轮机运行效率、稳定性以及安全性的要求不断提高，传统的机械调节系统已难以满足现代火电厂的精确控制需求。数字电液控制系统作为一种先进的控制技术，通过数字化处理和液压执行的紧密结合，实现了对汽轮机运行状态的实时监测与精确调节。它能够有效提升汽轮机的调速、调节性能，并大幅提高系统的响应速度和稳定性。数字电液控制系统在火电厂的广泛应用，标志着汽轮机控制技术进入了智能化、精确化的新阶段。

（一）数字电液控制系统的工作原理

数字电液控制系统的工作原理基于电气信号的数字处理与液压控制技术的结合，旨在通过精确的信号调节和液压执行，确保汽轮机在不同工况下实现高效稳定的运行。其基本功能是将汽轮机的调速和调节信号转化为液压执行信号，通过液压伺服系统直接控制汽轮机的阀门开度，进而调节蒸汽的流量和压力。

在数字电液控制系统中，数字化处理单元是核心部件，通过采集和处理汽轮机的运行数据，如转速、蒸汽流量、温度、压力等参数，实时分析汽轮机的运行状态，并将结果以数字信号的形式发送给液压控制单元。液压控制单元根据数字信号调节液压伺服系统，通过液压执行机构精确控制汽轮机的各类阀门，确保汽轮机在各种运行条件下维持最佳的效率和稳定性。

数字电液控制系统能够根据工况的变化快速作出调整，并且具备高度的精确性和灵敏度。它能够在毫秒级的时间内响应负荷变化，通过精确调节汽轮机的进

汽阀门，避免负荷波动对系统稳定性的影响。这种快速、精确的响应机制使得数字电液控制系统在汽轮机的调速和调节中具备显著的优势。

（二）数字电液控制系统的构成

数字电液控制系统主要由5个关键组成部分构成（图6-1）：数字控制单元、液压执行单元、传感器系统、信号传输系统和人机界面。这些部分相互协作，形成一个完整、闭环的控制系统，能够实时监控并调整汽轮机的运行状态。

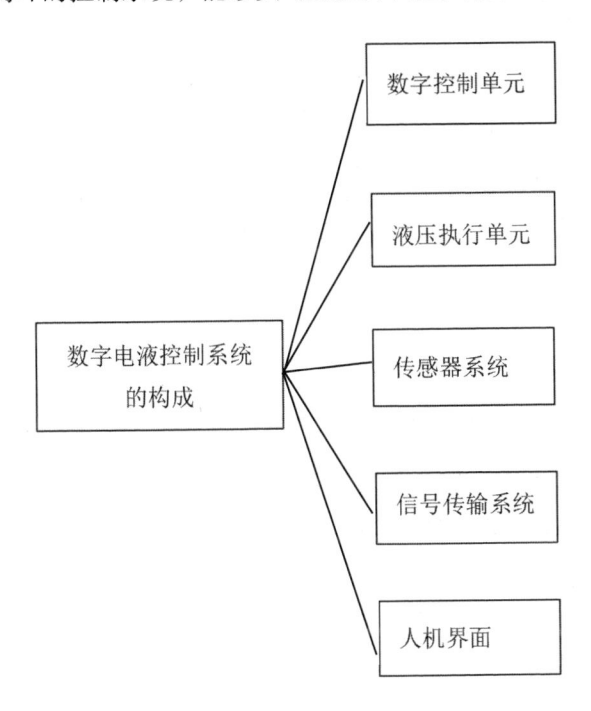

图6-1 数字电液控制系统的构成

1.数字控制单元

数字控制单元是整个系统的核心部分，负责采集、处理和分析汽轮机的各种运行数据。该单元通常采用先进的数字处理器，具有高速运算和实时分析能力。它接收来自传感器系统的输入信号，如转速、蒸汽压力、温度等，通过内部算法进行数据处理后，生成精确的调节信号，并将这些信号发送至液压执行单元，指令其进行相应的动作。数字控制单元的精确性和快速处理能力是确保整个系统响应灵敏、稳定运行的关键。

2. 液压执行单元

液压执行单元是将数字信号转化为液压信号并执行的部分，它由液压泵、液压缸、伺服阀和液压管路等组成，负责调节汽轮机各个关键部件的机械动作。液压执行单元根据数字控制单元的指令，调节进汽阀门的开度，控制蒸汽的流量和压力，从而实现对汽轮机转速和输出功率的精确调节。由于液压系统具备较强的执行力和响应速度，能够在短时间内完成复杂的调节任务。

3. 传感器系统

传感器系统负责采集汽轮机运行过程中产生的各种物理量，如转速、温度、压力、流量等。这些传感器必须具备高度的准确性和可靠性，以确保数字控制单元获得精确的实时数据。传感器系统的质量直接影响整个控制系统的调节精度和稳定性，在实际应用中，通常采用高精度的传感器和冗余设计，以确保系统的可靠性。

4. 信号传输系统

信号传输系统负责将传感器采集的数据传递至数字控制单元，并将数字控制单元生成的调节信号传输给液压执行单元。该系统通常采用光纤或高速数据总线，确保信号传输的高效性和稳定性。信号传输系统的设计必须能够承受火电厂复杂的运行环境，防止电磁干扰、信号延迟或信号失真。

5. 人机界面

人机界面是操作人员与数字电液控制系统之间的交互平台，通过人机界面，操作人员可以实时监控汽轮机的运行状态，查看系统的各项运行参数，并根据需要手动调整运行工况。现代数字电液控制系统的人机界面通常采用图形化界面设计，直观易懂，操作人员可以通过界面方便地进行监控和管理，极大提升了操作的便捷性和安全性。

（三）数字电液控制系统的优势与特点

数字电液控制系统相比传统的机械调速和液压控制系统，具有显著的技术优势和应用特点。这些优势体现在其控制精度、响应速度、稳定性以及运行效率等多个方面。

数字电液控制系统的控制精度极高，通过数字处理器的高速运算和复杂的控制算法，系统能够精确调节汽轮机的各项运行参数，确保其始终处于最优工况。传统的机械调速系统往往无法应对复杂的负荷变化，而数字电液系统通过实时数据分析，能够快速调整蒸汽流量和阀门开度，确保汽轮机的高效运行。

数字电液控制系统的响应速度非常快，液压系统的执行速度结合数字信号的快速处理，使得整个系统能够在毫秒级的时间内响应外界负荷的变化。这种快速响应的能力不仅保证了汽轮机的稳定性，还能够显著减少能耗，提高系统的经济运行效果。

数字电液控制系统具备很强的运行稳定性，通过冗余设计和多重故障检测机制，系统能够在复杂工况下保持稳定运行，避免因设备故障导致的系统停机或效率下降。数字电液控制系统还具备自我诊断功能，能够实时监控设备状态，提前发现潜在问题并进行故障预防，极大地提高了系统的可靠性和运行安全性。

数字电液控制系统作为汽轮机智能化控制的重要组成部分，通过数字化处理和液压执行的紧密结合，实现了对汽轮机的精确调节与高效控制。其工作原理基于数字信号的实时处理与液压系统的快速响应，主要构成包括数字控制单元、液压执行单元、传感器系统、信号传输系统和人机界面等。与传统控制系统相比，数字电液控制系统在控制精度、响应速度、运行稳定性等方面具有显著优势，为火电厂的经济运行和节能降耗提供了有力支持。

二、系统的设计与实现方法

汽轮机数字电液控制系统作为汽轮机自动控制的重要组成部分，负责实时调节汽轮机的运行参数，以达到经济运行和节能降耗的目标。系统的设计和实现方法涉及硬件和软件的深度融合，通过现代控制理论与工程技术的结合，实现对汽轮机的高精度控制。

（一）系统设计的基本原则

数字电液控制系统的设计需要遵循多项原则，确保其能够在复杂的火电厂环境中可靠运行，并满足节能和高效运行的要求。以下是设计该系统时应遵循的几个关键原则。

1. 高可靠性与安全性

在汽轮机的运行中，安全性和可靠性始终是首要考虑因素。数字电液控制系统作为汽轮机控制的核心，需要具备高度的容错能力和冗余设计。通过关键部件的备份设计，确保在任何一部分出现故障时，系统都能够继续运行或快速切换至备用系统，避免汽轮机因控制故障导致停机或运行失稳。设计过程中，还需考虑防护设计，防止电磁干扰、环境变化等外界因素对系统产生不利影响。

2. 高精度控制与快速响应

数字电液控制系统的主要目标之一是实现对汽轮机的高精度调节，为达到这一目标，设计时需确保系统具备较高的采样频率和信号处理速度，能够快速响应运行负荷的变化。液压执行系统需要具备较高的执行精度和反馈能力，确保在负荷波动情况下对汽轮机的调节实时有效。

3. 模块化与可扩展性

由于火电厂的运行工况复杂多变，汽轮机数字电液控制系统在设计时应考虑模块化和可扩展性，以便于系统在需要时可以进行灵活调整或功能扩展。模块化设计允许系统根据不同汽轮机的规模和工艺需求，灵活配置不同的控制模块。模块化设计也为后期的系统升级和维护提供了便利。

4. 经济性与节能效果

数字电液控制系统的设计目标不仅是提高运行效率，还应兼顾经济性。通过精确控制汽轮机的进汽量和压力，系统能够有效减少能源浪费，提升整体经济效益。设计时需平衡系统的控制精度和节能效果，以最小的能耗实现最佳的运行效率。

（二）硬件设计与实现

硬件是数字电液控制系统稳定运行的基础，为了实现对汽轮机的高效控制，系统的硬件设计应包括核心处理单元、液压执行系统、传感器、信号转换装置及电源保障系统。每个部分相互协作，确保整个系统的正常运行。

1. 核心处理单元

核心处理单元是数字电液控制系统的中枢,负责接收传感器信号、执行控制算法并向液压执行系统发送控制信号。通常选用高性能的数字信号处理器或可编程逻辑控制器作为系统的控制中心。该单元需要具备强大的数据处理能力和实时响应能力,能够根据汽轮机的运行状态进行高速运算并输出调节信号。

核心处理单元的设计还应考虑冗余配置,采用双控制器或三重化冗余设计,在一个处理单元发生故障时能够自动切换至备用单元,保证系统的可靠性和连续运行。

2. 液压执行系统

液压执行系统是将核心处理单元发出的控制信号转化为实际机械动作的装置,其主要部件包括液压泵、伺服阀、液压缸等。液压泵提供液压源,伺服阀根据控制信号调节液压流量和压力,液压缸则驱动汽轮机的进汽阀门进行精确开闭调节。

液压执行系统需要具备快速响应和高精度执行能力,以确保控制系统能够精确调节蒸汽流量。液压系统的密封性和耐久性也至关重要,因为液压油的泄漏会导致压力不足或执行精度降低,影响汽轮机的稳定运行。

3. 传感器与信号转换装置

传感器负责采集汽轮机运行中的各项关键参数,包括转速、温度、压力和流量等。高精度传感器的选用能够确保核心处理单元接收到精确的实时数据。信号转换装置将传感器采集的模拟信号转换为数字信号,便于系统进行处理。

信号转换装置在设计时应考虑抗干扰性能,尤其是在火电厂复杂的电磁环境中,信号的传输和转换必须稳定可靠,防止数据失真或信号丢失。

4. 电源保障系统

电源系统是数字电液控制系统运行的基础,设计时必须确保其具有高稳定性和持续供电能力。通过不间断电源系统和多重电源供电方案,能够保证即使在火电厂电网出现波动或短时断电的情况下,控制系统仍能保持正常运行,避免汽轮机运行受到干扰。

（三）软件实现与控制策略

数字电液控制系统的软件部分承担着数据处理、控制算法执行和系统监控等任务。软件设计的核心是确保实时性和精确性，同时提供可视化的监控平台，方便操作人员进行管理。

1. 控制算法的实现

控制算法是系统实现汽轮机精确控制的核心，常见的控制算法包括比例积分微分控制、自适应控制和模糊控制等。比例积分微分控制是应用最为广泛的控制算法之一，通过调节比例、积分和微分参数，能够精确控制汽轮机的转速、压力和负荷。针对不同的工况和负荷变化，软件可以采用自适应控制策略，动态调整控制参数，使系统在不同运行条件下始终保持最佳控制效果。

现代数字电液控制系统还引入了模糊控制算法，以应对复杂的工况变化和非线性系统的调节难题。模糊控制能够处理复杂的系统动态，尤其在工况波动剧烈或传感器数据出现噪声的情况下，仍能保持较高的控制精度。

2. 人机界面设计

软件系统的另一重要部分是人机界面，通过可视化的操作界面，操作人员可以实时监控汽轮机的运行状态，查看关键参数，如转速、蒸汽压力和温度等。现代人机界面设计采用图形化、模块化布局，方便操作人员快速理解并操作系统。

人机界面还提供了报警功能，当系统检测到异常情况或故障时，界面会实时报警并给出诊断建议，帮助操作人员及时处理问题。系统还可以记录历史数据，供后续分析和系统优化使用。

3. 故障诊断与自我检测

数字电液控制系统的软件还应具备故障诊断和自我检测功能，通过实时监测系统的运行状态，软件能够检测到液压系统、传感器或其他设备的潜在故障，并及时报警。故障诊断模块结合历史数据和算法分析，可以给出详细的故障报告，帮助维修人员迅速定位问题并采取修复措施。

汽轮机数字电液控制系统的设计与实现方法涉及硬件和软件的紧密结合，通过遵循高可靠性、高精度、模块化等设计原则，系统硬件构建了稳固的基础，包括核心处理单元、液压执行系统、传感器与信号转换装置等。软件部分则通过先进的控制算法、友好的操作界面和故障诊断功能，确保了汽轮机的精确控制和高效运行。这种软硬件一体化的设计为火电厂的节能运行提供了重要保障，提升了汽轮机系统的经济性与稳定性。

三、系统的性能评价与优化

随着火电厂对智能化和高效能运行的要求日益提高，数字电液控制系统在汽轮机控制中扮演着越来越重要的角色。该系统的性能直接关系到汽轮机的运行效率、经济性和安全性。对数字电液控制系统的性能进行全面评价并实施优化措施至关重要。性能评价与优化包括对系统的控制精度、响应速度、稳定性、可靠性和经济性等多个方面的分析与改进。

（一）控制精度的评价与优化

控制精度是数字电液控制系统的重要性能指标，直接影响汽轮机的调节效果。系统的控制精度主要依赖于控制算法的设计和执行单元的响应能力。通过实时监测汽轮机的运行状态，系统能够精确调整蒸汽流量和阀门开度，以满足不同工况下的运行需求。

为评价控制精度，可以通过对比设定值与实际值之间的误差来进行。具体来说，监测系统在稳定状态和动态响应过程中的偏差，评估其控制效果。在优化过程中，针对不同负荷变化及外部干扰，选择合适的控制策略至关重要。针对负荷快速波动的情况，可以采用自适应控制算法，使系统能够实时调整控制参数，提高响应速度，从而提升控制精度。

在实际应用中，通过对比传统控制系统和数字电液控制系统的性能，可以发现后者在控制精度上有明显优势。数字电液控制系统能够将汽轮机的转速误差控制在1%以内，相较之下，传统系统通常在2%～5%。通过不断优化控制算法和增强执行单元的响应能力，能够进一步提升系统的控制精度，确保汽轮机在各种工况下的高效运行。

（二）响应速度的评价与优化

响应速度是评价数字电液控制系统性能的另一个关键因素，直接关系到汽轮机对负荷变化的适应能力。较快的响应速度意味着系统能够迅速调整控制策略，以应对外部条件的变化，保持汽轮机稳定运行。在性能评价中，响应时间的测量是一个重要指标，通常以系统从接收到信号到实现设定目标所需的时间来衡量。

优化响应速度的关键在于提升信号处理和执行的效率，数字电液控制系统通过高速数据处理器和高效液压执行装置，能够实现快速的数据采集和信号处理。通过合理设计控制系统的结构，减少不必要的信号传输环节，能够有效缩短信号处理时间。

在实践中，采用动态仿真技术可以有效评估和优化系统响应速度。通过仿真模型，对系统在不同工况下的响应特性进行分析，识别出影响响应速度的主要因素，从而制订相应的优化措施。调整伺服阀的控制策略、改进液压系统的配置，均可显著提高系统的动态响应能力。经过优化后，数字电液控制系统的响应时间通常可缩短至500 ms以内，大大提高了汽轮机对负荷波动的适应能力。

（三）系统稳定性的评价与优化

稳定性是评估数字电液控制系统性能的重要指标，关系到汽轮机在运行过程中的安全性和可靠性。稳定性好的系统能够在受到扰动时迅速恢复到正常工作状态，避免出现振荡或失稳现象。在性能评价中，常通过频率响应分析、根轨迹法等手段，对系统的稳定性进行评估。

为了优化系统稳定性，可以引入现代控制理论中的鲁棒控制和非线性控制方法，以增强系统对外部干扰和内部参数变化的适应能力。鲁棒控制方法通过调整增益控制和相位补偿，可以在一定范围内保持系统的稳定性。而非线性控制方法则能够有效处理系统非线性特性，提高稳定性和控制精度。在实际应用中，通过对数字电液控制系统进行系统辨识，可以识别出系统的动态特性，有针对性地调整控制参数，提高系统的鲁棒性。经过优化，数字电液控制系统能够在复杂工况下保持高稳定性，有效防止汽轮机因控制失误而导致的停机或效率降低。

（四）系统可靠性的评价与优化

数字电液控制系统的可靠性是确保火电厂安全稳定运行的基础，可靠性评价主要通过故障率、平均故障间隔时间和维护频率等指标进行。高可靠性的系统能够在长时间运行中保持稳定，减少故障发生率，降低维修成本。

优化系统可靠性的关键在于冗余设计和故障检测机制的建立，通过对关键组件的冗余设计，确保在某个组件发生故障时，备用组件能够快速接入，保证系统的连续运行。引入在线监测技术，实时监测系统的运行状态和各个组件的健康状况，能够及时发现潜在故障并进行处理，避免小故障演变为重大事故。

在实际应用中，数字电液控制系统的冗余设计通常采用双重或三重冗余方式，关键传感器和执行单元均配备备用系统，以提高整体可靠性。基于数据分析的预测维护策略，能够在设备出现异常之前进行主动维护，从而显著提升系统的整体可靠性。

（五）系统经济性的评价与优化

数字电液控制系统的经济性是评价其整体性能的重要标准，经济性评价主要包括设备投资成本、运行维护成本和能源消耗等方面。在实际应用中，系统的经济性不仅取决于设备的初始投资，还与其在使用过程中带来的能效提升和节能效果密切相关。

优化系统经济性的主要措施包括提升能效和降低运营成本，通过优化控制策略，提高汽轮机的运行效率，可以显著减少燃料消耗，降低运营成本；定期的维护与保养能够减少设备故障，降低维护成本。

数字电液控制系统在汽轮机的应用中，具有高精度、高响应速度、高稳定性、高可靠性和良好的经济性等显著优势。通过对系统性能的全面评价与优化，可以显著提升汽轮机的运行效率，降低能耗，保障火电厂的安全稳定运行。对于未来的火电厂而言，数字电液控制系统将成为实现智能化节能技术的重要基础，推动火电行业向高效、环保的方向发展。

第二节　汽轮机智能化电液调节系统状态检修

一、电液调节系统的工作原理与特点

随着火电厂的节能需求不断提升，汽轮机的智能化节能技术得到了广泛应用。汽轮机的电液调节（electro-hydraulic control, EH）系统作为控制汽轮机运行

的重要组成部分,其状态监测和检修直接影响到机组的经济性与安全性。EH系统状态检修的智能化应用,结合了先进的检测手段与数据分析技术,旨在通过科学的监测手段和精准的数据反馈,提升检修的效率和质量,减少机组的非计划停机时间。EH系统的工作原理与特点是进行状态检修的基础,通过对该系统的深入了解,可以更好地进行故障排查和检修工作。以下将具体论述该系统的工作原理及其在节能方面的应用特点。

(一) EH系统的工作原理

EH系统作为汽轮机的重要调节机构,负责控制汽轮机的主汽门与调速汽门。该系统的核心部件是伺服控制器和液压执行机构,它们共同作用以精准调节汽轮机的进汽量,确保机组在负荷波动时仍能维持稳定的转速。EH系统通过伺服阀将电信号转化为液压控制信号,再通过液压执行机构驱动汽轮机的相关阀门。

EH系统的工作原理基于压力控制与电子反馈的协同作用,确保汽轮机的运行在高速响应的基础上实现稳定控制。伺服阀的电信号来自汽轮机的转速、负荷等工况参数的实时反馈。这些信号通过控制系统中的电子元件进行处理,并与设定的目标值进行比对,进而产生相应的调节指令。伺服阀响应这些指令,通过液压油路的调整,实现汽轮机进汽量的变化,从而调整转速。

液压系统的核心是高压油泵和油箱系统,高压油泵将液压油推入液压执行机构,而油箱系统则负责油液的冷却与循环。整个过程要求液压系统的各项参数始终处于稳定的工作范围内,如油压、油温等。通过与电子控制部分的协作,EH系统能够在负荷突变时迅速作出反应,确保汽轮机稳定运行。

(二) EH系统的特点

EH系统的最大特点在于其响应速度快、控制精度高,能够实时调整汽轮机的工况参数,实现稳定、高效的机组运行。相比传统的机械调速系统,EH系统通过电子反馈和液压驱动的结合,实现了更精确的调节,特别是在汽轮机负荷频繁波动的情况下,能够有效避免转速超调或滞后。

EH系统的高响应性源自其液压系统的设计,该系统能够在极短时间内完成液压信号的传递,确保调节指令得到及时执行。液压执行机构的动作迅速,使得汽轮机的控制反应时间大幅缩短，这对于提升机组的运行稳定性尤为关键。

EH系统在设计上考虑了冗余控制，以应对系统的故障或异常工况。当伺服阀或液压执行机构出现故障时，系统能够通过备用控制回路迅速接管，避免汽轮机因控制失灵而导致停机。这种冗余设计提升了系统的可靠性和安全性，也为检修提供了更多的时间与空间。

智能化EH系统相较于传统系统还具有一定的自诊断功能，系统内部设置的传感器和监测装置，能够实时采集各类工况参数，如油压、油温、伺服阀开度等，并将这些数据传送至监测平台。通过对这些数据进行分析，操作人员能够及时发现潜在的故障隐患，从而提前进行维护和检修，减少了突发故障带来的风险。

（三）EH系统在状态检修中的应用

汽轮机的EH系统运行状态复杂，涉及液压系统、电子控制系统等多方面的协同作用。智能化状态检修的核心在于通过对系统各组成部分的实时监测，及时发现异常情况并进行针对性检修。EH系统的状态检修技术通过数据分析和故障预测，大幅提升了检修工作的精准度。

状态检修技术的应用依赖于EH系统的实时监控功能，系统中的各类传感器能够准确捕捉油压、油温、伺服阀位移等关键参数的变化，通过对这些数据的实时分析，判断出系统的健康状况。当液压油温度持续升高或伺服阀动作迟缓时，系统会生成报警信号，提醒检修人员对相关部件进行检查和维护。通过智能化的诊断手段，可以大幅减少非计划停机，保障机组的连续稳定运行。

EH系统的状态检修还能够结合历史数据，对系统的运行趋势进行分析。通过对液压油的劣化程度进行检测，可以预测油液的更换周期，从而避免因油质劣化引发的设备损坏。这种趋势分析能够有效延长设备的使用寿命，并减少突发性的设备故障。

（四）EH系统状态检修的意义

EH系统的智能化状态检修不仅提高了火电厂汽轮机的运行效率，还显著提升了设备的安全性。通过智能诊断手段和精细化检修策略，能够最大限度减少故障发生的概率，同时降低检修成本。以往的定期检修方式往往存在过度维护或维护不足的问题，而状态检修能够根据实际的设备状态灵活调整检修计划，确保设备始终处于最佳的工作状态。

EH系统的智能化状态检修技术通过实时监测、趋势分析和故障诊断，提升了设备运行的可靠性和稳定性。这一技术的应用，不仅降低了火电厂的运营成本，还在节能减排方面起到重要作用。

二、智能化状态检修的技术方案

在汽轮机的运行过程中，EH系统的健康状况直接决定机组的安全性与经济性。随着火电厂节能要求的提升，传统的定期检修方式逐渐暴露出不足，其难以满足现代化生产的高效性和可靠性要求。智能化状态检修技术逐渐被引入，成为提升机组运行管理水平的有效手段。

智能化状态检修通过对设备实时运行状态的监测和分析，实现从故障后检修向故障前预防的转变。该技术不仅可以提高检修工作的精准度，还能够大幅减少非计划停机时间，降低设备维护成本。

（一）智能监测系统的搭建

智能化状态检修技术的基础在于高效的监测系统，EH系统的复杂性决定其运行状态不仅与液压控制部件相关，还与电子反馈、伺服控制器等设备的协同作用密切关联。因此，智能监测系统必须能够实现对系统各组成部分的全面监控。

监测系统主要由多类型传感器组成，包括压力传感器、温度传感器、位置传感器等。这些传感器分布在液压系统的关键部位，如油泵、伺服阀、执行机构等，实时监测油压、油温、阀门开度等参数的变化。数据通过传感器网络传输到中央控制系统，并与历史运行数据进行比对分析，判断设备的健康状况。

监测系统还配备了冗余设计，确保即使在部分传感器失效时，仍能对系统的核心参数进行监测。冗余设计通过设置多重监控通道，在某些关键参数的传感器失效时，由备用传感器或相邻监控点继续提供数据，从而保证系统的监控能力不受影响。

监测系统的构建还要求具备较高的抗干扰能力，在火电厂复杂的运行环境中，电磁干扰和机械振动会影响传感器的数据准确性。监测系统的设计必须考虑环境因素，通过采用高抗干扰性的传感器和信号处理器，确保数据采集的精确性。

（二）数据处理与分析平台

监测系统收集的数据只是智能化状态检修的第一步，如何有效处理和分析这些海量数据是系统智能化的关键环节。数据处理平台通过对实时采集的数据进行清洗、过滤、归纳，并结合历史数据进行趋势分析，得出设备的健康状况。

数据处理平台主要由数据采集模块、存储模块和分析模块组成，数据采集模块负责从传感器网络中提取实时运行数据，存储模块则将这些数据与历史数据进行分类、存档。分析模块通过数据挖掘技术，对设备的运行趋势进行预测，识别存在的隐患。

为了提高数据处理的效率，平台通常配备基于人工智能的分析算法。通过机器学习技术，系统可以根据不同设备的历史运行数据建立健康模型，这些模型能够识别出设备在故障前出现的微小变化，从而实现提前预警。当伺服阀开度的微小变化超过正常范围时，系统可以通过历史数据分析判断是否是系统故障的前兆，并及时发出报警信号。

数据处理平台还具备远程监控功能，设备运行状态可通过网络远程传输到中央控制室，实现全天候在线监测。远程监控功能不仅提升了检修工作的时效性，还为调度人员提供了实时决策支持，有效减少了突发故障带来的停机损失。

（三）故障诊断与趋势分析

智能化状态检修的核心在于故障诊断与趋势分析，通过对监测数据的处理和分析，系统能够判断出设备的健康状况，并提前预测发生的故障。

故障诊断技术基于监测数据的实时分析，能够识别系统中的异常工况。液压油的压力波动、油温升高、伺服阀的动作延迟等现象，都是EH系统出现故障的前兆。智能诊断系统可以通过分析这些参数的异常变化，识别潜在的故障点，并生成相应的故障报告，供检修人员参考。

趋势分析则基于设备的历史运行数据，对系统的长期运行趋势进行预测。通过对液压油温度和压力变化的趋势分析，可以预测油液的更换周期，避免因油质劣化引发的设备损坏；通过伺服阀动作开度与负荷变化的趋势分析，能够识别伺服控制器的磨损情况，提前安排检修计划。这些趋势分析能够显著提高设备的使用寿命，减少非计划停机的频率。

故障诊断技术还结合了模糊逻辑和专家系统，通过将设备运行过程中的模糊信息转化为可分析的数据，进一步提升了诊断的精准度。当伺服阀的位移信号出现轻微波动时，系统可以结合当前的负荷、油压等参数进行综合分析，判断其是否属于正常波动，避免误报警。

（四）智能化状态检修的实施方案

在智能化状态检修技术方案中，具体实施步骤包括系统的安装、调试、运行监控、故障诊断与检修决策。在系统安装和调试阶段，需要确保传感器的布局合理，数据采集的精确性和网络传输的稳定性。在系统稳定运行后，监控平台通过对实时数据的分析，进行故障判断，并生成检修建议。

检修决策的制订基于系统的故障报告和健康评估，智能化状态检修技术通过生成详细的检修建议，包括故障涉及的设备部件、问题的严重性和潜在影响。检修人员可以根据这些建议，灵活安排检修工作，避免过度检修或因故障未及时处理导致更大损失。系统的智能化还表现在检修后期的数据追踪和反馈上，检修完成后，系统会继续监测设备的运行状况，并与检修前的状态进行对比，评估检修效果。通过不断优化和调整，状态检修方案可以在实施过程中逐渐成熟，为火电厂的汽轮机节能运行提供坚实保障。

总结而言，汽轮机 EH 系统的智能化状态检修通过先进的监测手段、实时的数据处理与智能诊断，大幅提升了设备的可靠性和运行效率。这一技术的实施，既减少了设备的非计划停机，又有效降低了火电厂的运维成本，对火电厂的节能降耗和安全运行起到了重要的推动作用。

三、状态检修的实施流程与注意事项

汽轮机的 EH 系统作为火电厂运行中不可或缺的一部分，其正常运转直接关系到机组的经济性与安全性。传统的定期检修方式由于不能及时发现潜在故障，往往会导致非计划停机或设备性能下降，智能化状态检修的应用已成为提高设备可靠性和延长使用寿命的重要手段。在实际操作中，状态检修的实施流程和注意事项对于保证检修工作的效率和准确性尤为关键。

（一）状态检修的实施流程

智能化状态检修的实施流程包括监测准备、数据采集、状态评估、故障诊断、检修执行和后续跟踪等步骤。每一个步骤都是紧密相连的，旨在通过实时监测与数据分析，及时发现设备的潜在问题，并进行有效的检修处理。

1. 监测准备

状态检修的第一步是对EH系统的监测设备进行准备，包括安装各类传感器，如压力传感器、温度传感器、位移传感器等，确保能够实时采集设备的关键运行参数。监测设备的安装位置应根据EH系统的结构特点合理布置，避免监测盲区。数据传输网络的稳定性和安全性也是准备工作中的重点，对于传感器的校准工作，确保其采集数据的准确性尤为重要，误差过大的传感器会导致错误的故障判断。

2. 数据采集与处理

在监测设备安装完成后，EH系统进入实时运行监控阶段。各类传感器采集到的数据通过数据传输网络实时发送至中央控制系统。这些数据包括液压油的温度、压力，伺服阀的开度、动作响应时间等，数据处理平台通过对这些数据进行预处理，如数据清洗、异常值过滤等，确保输入分析模型的数据是准确、可靠的。

3. 状态评估与趋势分析

在数据处理的基础上，平台会对设备的运行状态进行评估。通过与历史数据的对比，分析设备当前的健康状况。如果某一时段液压油温出现连续升高，或伺服阀的响应时间较长，系统将会记录这些异常变化，并对其进行趋势分析，判断是否会引发潜在的故障。这一过程要求设备的历史运行数据足够丰富，以保证评估结果的准确性。

4. 故障诊断与检修决策

当状态评估发现设备存在异常时，故障诊断系统会进一步分析这些异常数据，结合当前的负荷、压力等工况参数，判断设备是否存在故障隐患。如果诊断结果为存在故障，系统会生成相应的故障报告，并给出具体的检修建议。检修决策包括确定故障的严重性、需要更换或维护的部件、检修的优先级等内容。操作人员根据系统建议制订检修计划，决定检修工作的具体安排。

5. 检修执行

在检修计划确定后，检修工作按照流程逐步展开。操作人员需要根据故障报告中提出的问题，进行相关部件的检查、修理或更换。在检修过程中，确保液压油路、电气信号等关键环节的安全至关重要。为保证EH系统恢复后能够正常运行，检修结束后应进行全面的功能测试，验证设备的修复效果。

6. 后续跟踪与反馈

检修工作结束后，设备恢复运行，监测系统继续对其进行实时监控。操作人员应重点关注检修后设备的运行参数，与检修前的状态进行对比分析，判断检修是否彻底解决了问题。后续的跟踪与反馈过程对于评估检修效果、优化检修方案具有重要作用。

（二）状态检修的注意事项

在状态检修的具体实施过程中，除了严格按照流程操作外，操作人员还需要重点关注以下几个方面，以确保检修工作的质量和效率。

1. 数据采集的准确性与稳定性

数据采集是状态检修的基础，只有采集到准确、稳定的设备运行数据，才能为故障诊断提供可靠的依据。操作人员在日常维护中应对监测设备进行定期校准，确保其采集的参数精确无误。数据传输网络的稳定性也是关键，如果传输过程中出现丢包或信号中断，会导致设备的实时状态无法被监控，进而影响故障诊断的准确性。

2. 故障诊断模型的优化

在状态检修的过程中，故障诊断系统依赖于模型对数据进行分析与判断。实际运行中设备的状态复杂多变，故障模型需要不断根据实际情况进行调整和优化。操作人员应根据设备的实际运行情况，不断对诊断模型进行更新，使其能够准确识别设备的异常状态，以避免误报或漏报。

3. 检修计划的灵活性

智能化状态检修的一个优势在于其检修计划的灵活性，根据设备的实际运行状态，操作人员可以灵活调整检修周期和内容。也要求操作人员具有较强的判断能力，能够根据设备的不同状态制订合理的检修计划，既避免过度检修浪费资源，又避免因检修不足而导致设备损坏。

4. 检修过程中安全操作的规范性

检修工作通常涉及液压系统、电气系统等多个领域，操作过程中存在一定的安全风险。尤其是在处理液压系统时，操作人员需要严格按照安全规范进行操作，避免因压力过高或液压油泄漏造成事故。电气部分的操作也应严格按照电气安全操作规程进行，确保设备的电气信号线路在检修过程中保持良好状态，避免短路或信号中断。

5. 检修后设备状态的再次确认

在检修工作完成后，设备恢复运行前，操作人员对系统进行全面检查和功能测试，确保修复后的设备可以正常运行。特别是对液压油的压力、温度，伺服阀的开度、响应时间等关键参数进行重点监测，以确保设备已恢复到正常状态。如果发现设备在检修后仍有异常，应立即采取进一步的措施，避免设备再次出现故障。

6. 记录与文档管理

在整个状态检修过程中，操作人员需要对每一个环节进行详细记录，包括设备的故障情况、检修过程、使用的备件、检修后的状态评估等。这些记录对于日后的设备维护、故障分析具有重要参考价值。文档管理也能帮助操作人员总结经验，优化检修流程，提升后续检修工作的效率与质量。

汽轮机EH系统的智能化状态检修通过精密的监测系统和先进的数据分析手段，极大提升了设备运行的稳定性和经济性。在实施状态检修的过程中，操作人员需要严格按照流程进行操作，并重点关注数据采集的准确性、故障诊断模型的优化以及检修后的设备状态确认等方面。通过合理的实施流程与规范的操作，状态检修不仅能够延长设备的使用寿命，还可以有效降低火电厂的运营成本，为汽轮机的经济运行提供有力保障。

第三节　汽轮机新型叶片的开发与应用

一、新型叶片的设计原理与特点

在火电厂汽轮机的运行中，叶片作为汽轮机的核心部件，其性能对机组的经济性和可靠性具有重要影响。传统的汽轮机叶片设计已无法满足现代火电机组对高效、节能、长寿命的要求，新型叶片的开发成为提升汽轮机运行效率和节能水平的关键。通过优化叶片的气动性能、结构设计和材料选择，新型叶片不仅可以有效降低损耗、提高能量转化效率，还能延长叶片的使用寿命。

本节将围绕新型叶片的设计原理与特点，详细阐述其在汽轮机中的应用优势与创新之处。新型叶片的开发结合气动学、材料科学和结构力学等多学科知识，力求在复杂工况下保持较高的效率和稳定性。

（一）新型叶片的设计原理

新型汽轮机叶片的设计基于现代气动理论和结构力学的优化，重点在于提高叶片的气动效率和结构稳定性。其核心原理是通过优化叶片的几何形状、改进汽流通道设计，减少汽流损失，同时增强叶片在高速旋转工况下的抗疲劳能力。

1. 气动优化设计

叶片的气动设计直接影响汽轮机的能量转化效率，汽轮机工作时，高温高压蒸汽通过叶片阵列，在叶片上做功，并推动转子旋转。叶片的设计目标是尽量减小汽流通过叶片时的阻力和损失，提高蒸汽的做功能力。

为实现这一目标，新型叶片在设计过程中，采用先进的气动优化技术。通过计算流体力学仿真分析，设计人员可以模拟蒸汽流经叶片表面的复杂气动现象，并据此调整叶片的曲率、厚度分布和尾缘形状等参数。这样可以最大限度地减小汽流分离和涡流现象的发生，降低气动损失。

2. 三维扭曲设计

相比传统叶片，新型叶片还引入了三维扭曲设计。这种设计通过在叶片的高度方向上逐渐调整叶片的扭转角度，使叶片能够更好地适应不同截面上的气流特性。由于蒸汽在叶片表面上的流动速度和压力分布会随着叶片的高度发生变化，三维扭曲设计能够更有效地分配叶片表面的汽流，提高整个叶片阵列的气动效率。

三维扭曲叶片在提升效率的同时，还显著减少叶片表面的气动载荷，降低因高应力而导致的叶片振动与疲劳损伤。通过合理设计叶片的扭曲角度，能够平衡叶片的气动性能与结构强度，从而实现更长的使用寿命。

3. 叶片排布的优化

叶片排布也是设计过程中的关键部分，新型叶片在设计中，通过调整叶片之间的间距和角度，优化蒸汽流道，进一步减少蒸汽在叶片通道中的能量损失。尤其在最后几级叶片中，蒸汽的压力和温度变化剧烈，合理的排布设计可以有效避免蒸汽流动的不均匀性，提升整体效率。

（二）新型叶片的结构与材料特点

除了气动设计的优化，新型叶片在结构设计和材料选择上也进行了全面改进。这些改进不仅提高了叶片的耐久性，还增强了其在恶劣环境下的抗腐蚀和抗氧化能力。

1. 结构设计的强化

汽轮机叶片在高速旋转时会承受巨大的离心力和蒸汽冲击力，叶片的结构设计需要具备较高的强度和抗疲劳性能。为了应对这一挑战，新型叶片在结构设计上采用了强化处理。叶片的根部采用了厚实的梯形设计，增强叶片与转子的连接强度，防止叶片在高速旋转过程中发生脱落或断裂。

新型叶片在叶根与叶尖的连接部位还引入应力缓和结构，通过在这些区域设计特殊的应力分布模式，减少叶片在受力状态下的局部应力集中，从而延长叶片的疲劳寿命。

2. 高性能材料的应用

材料的选择直接决定了叶片的耐用性和抗腐蚀能力，汽轮机叶片在高温高压的蒸汽环境下长期工作，必须具备出色的抗热性、抗腐蚀性和抗氧化能力。新型叶片广泛采用了新型的高温合金材料，这些材料不仅能够在高温下保持良好的力学性能，还能够有效抵抗蒸汽中化学物质的腐蚀。

特别是对于最后几级叶片，蒸汽温度较低，且含有一定的水分，这些叶片容易受到水蒸气侵蚀。为了解决这一问题，新型叶片在材料表面进行一系列防腐处理，如表面涂层技术和热处理工艺。这些技术不仅能够提升材料的耐腐蚀性，还能够有效防止材料因长期氧化而导致的性能下降。

3. 抗振设计

高速旋转时，汽轮机叶片会受到振动和冲击的影响，尤其是在蒸汽流动不均匀时，叶片振动会更加明显。为了减少振动对叶片的损伤，新型叶片在设计时采用了抗振结构。通过在叶片的中部或尾缘设置减振槽或阻尼结构，可以有效降低叶片的振动频率和振幅，减少因振动引起的疲劳裂纹。

抗振设计不仅延长了叶片的使用寿命，还有效降低了振动对整台汽轮机的影响。减少叶片振动意味着机组的运行更加平稳，避免振动引起的额外能量损耗。

（三）新型叶片的节能与经济效益

新型汽轮机叶片的设计不仅注重气动效率和结构稳定性，还着眼于整体的节能效果和经济效益。在实际应用中，新型叶片的高效设计显著提升了汽轮机的能量转化效率，降低了机组的燃料消耗。

1. 减少能量损失

通过优化叶片的气动设计，新型叶片能够有效减少蒸汽流动过程中的能量损失。传统叶片设计往往存在汽流分离和涡流现象，这些现象会导致蒸汽能量的浪费。新型叶片通过精细的流道设计和三维扭曲结构，减少汽流分离，提高了蒸汽的做功能力，从而提升了整个机组的发电效率。

2. 降低燃料消耗

由于新型叶片的高效气动性能和优化的结构设计，汽轮机在同等负荷条件下能够消耗更少的燃料，达到同样的发电效果。减少燃料消耗不仅降低了运行成本，还为火电厂的节能减排作出了重要贡献。

3. 延长设备使用寿命

新型叶片在材料和结构上的优化设计，使其在恶劣的工况下具备更长的使用寿命。通过减少叶片的振动、腐蚀和疲劳损伤，降低叶片的更换频率，减少维护成本。延长设备的使用寿命意味着火电厂的整体运营成本降低，从而提高了经济效益。

新型汽轮机叶片的设计结合了气动学、结构力学和材料科学的最新技术，不仅在气动性能上实现了突破性进展，还在结构设计和材料选择上有了显著提升。通过气动优化、抗振设计和高性能材料的应用，新型叶片能够显著提高汽轮机的运行效率，降低能量损失和燃料消耗。新型叶片的开发与应用不仅为火电厂的节能降耗提供了有效解决方案，还为机组的长期稳定运行奠定了坚实基础。

二、新型叶片的制造工艺与材料选择

汽轮机叶片的制造工艺和材料选择直接影响到其性能、寿命和经济性，在火电厂汽轮机的实际运行中，叶片必须承受高温、高压蒸汽的冲击以及长期高速旋转带来的离心力，这对叶片的强度、抗疲劳性、抗腐蚀性等提出了极高要求。新型叶片在设计时，除了要考虑气动性能和结构优化之外，其制造工艺和材料选择也至关重要。只有通过先进的制造技术和合理的材料选用，才能确保叶片在复杂工况下稳定、高效运行。

（一）新型叶片的制造工艺

汽轮机叶片制造工艺复杂，涉及多个环节，每个环节都要求高度的精度和一致性。先进的制造工艺能够提高叶片的气动性能、结构强度和耐久性，同时确保产品质量的稳定性。

1. 铸造与精密成型

新型叶片通常采用精密铸造技术制造，精密铸造能够生产出复杂的叶片几何形状，确保叶片在气动设计上的精度要求。这一技术通过模具制造和熔模铸造，能够有效地减少材料浪费，提高生产效率。熔模铸造的优势在于其能够制造出表面光滑、细节精细的叶片，不需要后续过多的机械加工，确保叶片的气动性能。

对于高负荷的末级叶片，要求更高的力学性能，因此会采用真空熔炼和定向凝固技术。真空熔炼能够保证材料纯净度，减少材料内部的杂质和气孔，而定向凝固能够使叶片的晶体组织排列更加有序，提高其抗疲劳和抗热能力。

2. 机械加工与精密打磨

在叶片铸造完成后，还需要进行精密机械加工与表面打磨。机械加工的主要任务是确保叶片的关键尺寸达到设计要求，并为叶片的安装和配合提供精确的基准。叶片的根部、尾缘等部位需要通过数控机床进行精加工，确保叶片与转子的紧密配合，减少配合不良导致的应力集中现象。

精密打磨的目的在于改善叶片的表面粗糙度，减少汽流通过时的摩擦损失和湍流生成。叶片表面的粗糙度直接影响其气动效率，现代制造中采用了自动化打磨和抛光技术，确保叶片表面达到极低的粗糙度值。这一工艺在提高叶片气动性能的同时，也延长了其使用寿命。

3. 热处理工艺

热处理是新型叶片制造过程中不可或缺的一环，通过合理的热处理工艺，叶片的强度、硬度、韧性和抗疲劳性能都能得到显著提升。常见的热处理工艺包括淬火、回火、时效处理等。淬火可以提高叶片的表面硬度，使其在高温高压蒸汽的冲刷下不易磨损；回火则可以调整叶片的韧性，避免在长期振动和应力下出现脆性断裂。

对于一些特定材料的叶片，热处理工艺还包括时效处理。通过这一过程，材料的晶粒组织得到优化，抗疲劳性能显著提升，特别适用于汽轮机高负荷运行的叶片部分。

4. 表面处理与涂层技术

为了增强叶片的耐腐蚀性和抗氧化性，制造工艺中还需进行表面处理和涂层处理。汽轮机叶片长期暴露在高温高压的蒸汽环境中，尤其是含有微量水汽的低温段叶片，极易受到腐蚀和氧化影响。表面处理包括化学处理、喷砂等，通过去除表面杂质和微小缺陷，提升叶片的表面强度。

涂层技术则是通过在叶片表面施加一层高温耐腐蚀涂层，进一步增强叶片的抗腐蚀和抗氧化能力。常用的涂层材料有陶瓷涂层、金属氧化物涂层等。这些涂层不仅能够有效阻隔蒸汽中的有害物质侵蚀叶片表面，还能够起到隔热作用，降低叶片的热应力，延长其使用寿命。

（二）新型叶片的材料选择

材料的选择对于新型汽轮机叶片的性能至关重要，叶片在工作时必须面对高温高压蒸汽的冲击，同时承受巨大的离心力，因此要求材料具备优异的力学性能、抗高温性能以及良好的耐腐蚀性和抗氧化性。

1. 高温合金的应用

汽轮机叶片广泛采用高温合金材料，高温合金材料在高温环境下能够保持较高的强度和抗蠕变性能，是理想的叶片材料。镍基合金是最常用的高温合金之一，其具有出色的抗氧化、抗腐蚀性能，同时在高温下具备较强的机械强度。镍基合金材料能够在650 ℃以上的高温环境下长期稳定运行，适用于汽轮机中高温高压段叶片的制造。

在一些超超临界参数机组中，对叶片材料的耐高温能力提出了更高要求。钴基高温合金和钛合金逐渐被应用于这些高端叶片的制造，这些材料不仅具有极高的高温强度，还具备优异的抗氧化性能，适合在极端工况下长期使用。

2. 钛合金材料的应用

钛合金材料在叶片制造中的应用主要集中于中温段叶片，钛合金具有高强度、低密度的特点，能够在一定温度范围内保持良好的力学性能。钛合金的抗疲劳性能优异，且在高温下的氧化速率较低，是一种理想的轻质高强材料。通过应用钛合金，可以有效降低汽轮机叶片的重量，减少离心力对叶片的影响，延长设备的运行寿命。

钛合金还具备良好的耐腐蚀性，能够有效抵抗蒸汽中的酸性气体腐蚀，特别适合应用于低压段蒸汽湿度较高的工况下。

3. 复合材料的研究与应用

随着材料科学的发展，复合材料在汽轮机叶片制造中的应用也逐渐引起关注。复合材料具有轻质高强、耐腐蚀、耐高温等优异性能，能够在某些特殊工况下发挥出色的作用。碳纤维增强复合材料在承受离心力和抗疲劳性能方面表现优异，适合应用于叶片的高应力区域。复合材料的另一个优势在于其设计的灵活性，通过调节不同材料的成分比例和结构设计，能够实现材料性能的定制化，适应不同叶片段的工况需求。

4.抗腐蚀材料的选择

汽轮机叶片在低压段尤其容易受到腐蚀影响，抗腐蚀材料的选择至关重要。除了镍基和钛合金之外，一些特定的抗腐蚀不锈钢材料也被应用于叶片制造中。这类材料具备良好的耐水汽腐蚀性能，特别适用于含水量较高的蒸汽环境，能够有效延长叶片在恶劣环境下的使用寿命。

（三）制造工艺与材料选择的优化组合

新型叶片的制造工艺和材料选择是相辅相成的，只有通过合理的工艺流程，才能充分发挥材料的特性，制造出符合高性能要求的叶片。精密铸造、热处理和涂层技术等先进制造工艺的应用，不仅能够提升材料的性能，还能显著改善叶片的气动效率和耐久性。在材料选择上，高温合金、钛合金和复合材料各自发挥其优势，适应不同的工况需求。通过对材料的合理组合与工艺的优化，能够制造出高效、耐用的新型叶片，进一步提升汽轮机的经济运行水平。

新型汽轮机叶片的制造工艺和材料选择直接决定了其性能、可靠性和使用寿命，通过先进的铸造、机械加工、热处理和表面处理工艺，新型叶片能够在复杂的工况下保持优异的气动性能和结构稳定性。采用高温合金、钛合金和复合材料等先进材料，进一步提高了叶片的耐高温、耐腐蚀和抗疲劳性能。制造工艺与材料选择的优化组合，不仅提升了汽轮机的运行效率，还显著降低了设备的维护成本，为火电厂的节能减排和经济运行提供了强有力的技术支持。

三、新型叶片的发展趋势与前景

随着全球能源结构的调整和节能减排目标的推进，汽轮机的效率提升成为火电厂提高经济效益和降低能耗的关键。作为汽轮机的核心部件，叶片的设计和性能直接影响到机组的整体效率。新型叶片的开发不仅要考虑气动性能的优化，还需要在材料选择、结构设计和制造工艺方面不断创新，以适应复杂的工况要求和更高的运行效率标准。近年来，新型叶片的发展呈现出多维度的技术进步，包括设计理念的升级、材料应用的突破和制造工艺的创新。

（一）新型叶片的设计与技术进步

新型叶片在设计理念上的进步主要体现在气动优化和结构改进两方面，这些设计改进的核心目标是提升汽轮机的效率，减少损失，同时延长叶片的使用寿命。

1. 气动设计的优化

新型叶片的气动设计朝着更加精细化和多维度优化的方向发展，通过先进的计算流体动力学技术，设计师可以对叶片的几何形状进行精确模拟，分析汽流在叶片表面的分布情况，从而优化叶片的曲率、厚度和长度。优化后的叶片可以最大限度地减少汽流的分离现象，降低涡流和摩擦损失，进而提高汽轮机的能量转化效率。

叶片的尾缘设计也在不断改进，通过缩小尾缘的厚度，可以减少汽流在尾缘的分离和湍流，从而降低能量损失。这一设计的改进特别适用于高温高压的工况，能够有效提高叶片的气动效率。

2. 三维扭曲叶片设计的应用

三维扭曲叶片设计是现代叶片设计中的一大技术突破，与传统的二维叶片设计相比，三维扭曲设计能够更好地适应蒸汽在不同高度上的流动特性，从而优化叶片各截面的气动性能。通过合理的扭曲设计，新型叶片可以使汽流在叶片表面的分布更加均匀，减少局部气动应力集中和不均匀流动引起的振动。

这一设计还在提升叶片结构强度方面表现出色。通过对叶片的不同部分进行分段优化，三维扭曲叶片设计不仅提高了叶片的气动效率，还减少了因高速旋转导致的应力集中，从而延长叶片的使用寿命。

3. 冷却技术的进步

现代汽轮机新型叶片在高温段运行时，温度往往会超过1000 ℃，传统叶片的材料和设计难以承受如此高的温度。冷却技术成为叶片设计中不可或缺的组成部分，当前新型叶片广泛采用内部冷却设计，利用内部通道和冷却汽流降低叶片的表面温度。冷却汽流通过特定设计的通道在叶片内部循环，将热量带走，从而避免叶片在高温下失效。

多孔冷却和汽膜冷却技术进一步提高了叶片的抗热能力，通过在叶片表面形成一层薄薄的冷却汽膜，可以有效隔绝高温蒸汽对叶片的直接热冲击，保护叶片材料，延长其在高温环境下的使用寿命。

（二）新型材料的应用与突破

随着对汽轮机叶片性能要求的不断提高，材料科学的进步在叶片开发中发挥了重要作用。新型材料的开发不仅提高了叶片的耐久性，还提升了其抗高温、抗腐蚀和抗疲劳性能。

1.高温合金材料的广泛应用

镍基高温合金材料是目前应用最广泛的汽轮机叶片材料，其出色的高温强度和抗蠕变性能使得叶片能够在高温高压环境中保持稳定工作。镍基合金材料在高达700~900 ℃的工况下，能够长时间保持良好的力学性能，成为新型叶片开发中的主要选择。

随着高温条件下的运行需求不断增加，钴基合金和铼合金等更加耐高温的材料也逐渐投入应用。这些材料的耐热性和抗腐蚀性使得它们能够适应更加极端的工况环境，特别是在超超临界机组中得到了广泛应用。

2.陶瓷基复合材料的应用前景

陶瓷基复合材料是近年来材料科学领域的重要突破之一，其高温强度远超传统金属合金，且具有极强的耐腐蚀性和低密度特点，非常适合应用于高温高压的汽轮机叶片。由于陶瓷材料的脆性问题，如何实现陶瓷基复合材料的稳定应用仍然是研究的重点。

部分新型陶瓷基复合材料已经开始用于实验性叶片的制造，主要应用于汽轮机的高温段。未来随着制造工艺的进一步优化，陶瓷基复合材料有望成为新一代叶片材料，为叶片的高效节能运行提供更为坚实的材料保障。

3. 抗腐蚀涂层与表面处理技术

为了提高叶片在低温段的抗腐蚀性能，现代叶片材料往往会进行表面涂层处理。常见的涂层材料包括陶瓷涂层、金属涂层等。这些涂层能够有效抵御蒸汽中的水分和化学成分对叶片的腐蚀，尤其在低压段含有大量水蒸气的环境下，涂层技术能够显著延长叶片的使用寿命。

抗腐蚀涂层不仅可以减少叶片的腐蚀，还能够有效降低表面的摩擦系数，提升气动性能。表面处理工艺如喷丸处理、化学处理等技术也被广泛应用于叶片制造中，进一步提升其耐磨和抗疲劳性能。

（三）新型叶片的应用前景与经济效益

新型叶片的广泛应用不仅能够提高汽轮机的运行效率，还能为火电厂带来显著的经济效益。随着新材料和先进制造工艺的不断成熟，现代叶片在降低能耗、延长设备寿命和减少维护成本方面展现出了巨大潜力。

1. 提升汽轮机效率

通过采用气动优化设计和高效冷却技术，新型叶片能够有效减少汽轮机运行中的能量损失，显著提高机组的能量转换效率。叶片设计的改进使得蒸汽在叶片表面流动更加顺畅，减少了涡流和汽流分离，提升了做功能力。不仅减少燃料消耗，还降低碳排放，为火电厂的经济运行提供了技术支撑。

2. 延长设备使用寿命

新型材料的应用和制造工艺的改进大幅延长了叶片的使用寿命，高温合金材料和陶瓷基复合材料的使用，使得叶片在极端工况下仍能保持稳定性能。通过抗腐蚀涂层和表面处理技术，叶片在高温高压环境中具备更强的耐久性，减少叶片的更换频率，降低火电厂的运营维护成本。

3. 降低维护成本

智能化的监测和故障预测技术能够帮助火电厂提前发现叶片的潜在问题，从而在故障发生前进行预防性维护，减少非计划停机的发生。这一技术的应用不仅减少了叶片的损坏风险，还提高了火电厂的运行可靠性和稳定性。

新型汽轮机叶片的发展趋势体现在设计优化、材料创新和制造工艺的提升上，通过先进的气动设计、冷却技术和材料应用，新型叶片大幅提升了汽轮机的运行效率，延长了设备的使用寿命，降低了维护成本。随着新技术的不断应用和成熟，新型叶片在未来火电厂节能技术中将发挥越来越重要的作用，为汽轮机的经济运行和环保目标提供更加坚实的技术支持。

结　语

在全球能源危机和气候变化的双重压力下，能源的高效利用和节能减排已成为各国能源战略的重要组成部分。火力发电作为全球电力供应的重要组成部分，虽然在电力生产中占据主导地位，但其高能耗、高排放的问题日益突出。在传统火电厂的基础上，如何优化其运行模式、提升能效、减少能源消耗，已经成为亟待解决的现实问题。而汽轮机作为火电厂中的核心设备，其运行状态和经济性直接关系到整个电厂的能效水平。对火电厂汽轮机的经济运行与节能技术进行深入的研究与探讨，具有重要的现实意义和长期价值。

本书从火电厂汽轮机的基本工作原理入手，系统分析汽轮机的工作方式、运行系统及其影响因素，并针对当前火电厂的实际运行现状，提出汽轮机经济运行优化与节能技术的具体措施。通过对汽轮机不同运行模式的经济性分析，发现优化运行方式、合理配置系统资源是提高能效、实现节能的关键；同时汽轮机相关系统的合理运行与维护，如凝结水系统、回热加热系统等，对于实现节能目标、减少能源浪费同样具有至关重要的作用。

在对汽轮机经济运行的优化中，要关注的是运行模式对经济性的影响。传统的汽轮机运行方式中，往往存在负荷分配不合理、系统资源未能有效利用等问题，这些都会造成能量的浪费。在实际操作中，通过对汽轮机运行参数的实时监测与调整，能够有效避免这些问题，提升汽轮机的经济性。合理使用循环水系统和真空系统等辅助设备，也能够显著提高系统的能源利用效率，减少不必要的能量损失。在此基础上，针对汽轮机的节能改造技术进行了深入探讨。节能技术的应用，不仅能够提高汽轮机的能效，还能延长设备的使用寿命，降低维护成本。通过对汽轮机本体的节能改造，尤其是采用先进的材料和优化设计，能够显著提升汽轮机的热效率。供热系统和冷端系统的节能技术也是本书关注的重点。这些系统虽然在汽轮机整体结构中并不起眼，但其运行状态对汽轮机整体效率的影响不容小觑。优化供热系统的换热效率和冷端系统的散热能力，能够大幅减少汽轮机的能量损失，进一步提升节能效果。

现代火电厂的发展趋势表明，智能化技术的应用正在为汽轮机的节能运行带来新的契机。随着数字技术的快速发展，智能控制技术正在逐步应用于火电厂的各个环节，尤其是在汽轮机运行中的作用日益显著。数字电液控制系统和智能化EH系统的引入，为汽轮机的运行提供了更加精准的控制和实时的故障诊断能力。这不仅大大提高了设备的安全性和稳定性，还减少了传统人工操作中的误差，显著提升了经济运行的效率。在节能方面，智能化控制技术通过对设备运行状态的实时监控和大数据分析，能够精准判断出系统中的能耗高峰和能量浪费点，从而有针对性地进行节能调节。

汽轮机新型叶片的开发与应用也在节能技术中占据重要地位，传统汽轮机叶片的设计往往面临着材料老化、磨损严重的问题，导致运行效率下降，能耗增加。通过引入新型材料和优化设计，能够提高叶片的耐久性和抗磨损性能，延长其使用寿命，从而提高整个汽轮机的运行效率。新型叶片的应用还能够改善汽轮机的气动性能，减少能量损失，实现节能目标。

在节能技术的实际应用过程中，除了对设备的改造和智能化技术的引入，合理的维护和管理同样至关重要。汽轮机作为高精度、高复杂性的设备，其维护管理的有效性直接影响到其节能效果。加强设备的日常巡检、维护保养，及时发现并处理设备运行中的隐患，能够防止设备故障导致的能源浪费。同时，系统的优化维护还能够延长设备的使用寿命，减少故障率，进一步提升汽轮机的经济效益。

通过对汽轮机经济运行与节能技术的研究，可以清晰地认识到，节能不仅仅是简单的减少能源消耗，更是一项系统性的工程，涉及设备的优化设计、运行模式的调整、系统的合理配置以及智能化技术的应用等多个方面。汽轮机的经济运行与节能，不仅需要技术层面的创新和突破，更需要管理和操作层面的科学规划。只有将技术与管理有机结合，才能实现火电厂的高效节能运行。

展望未来，随着全球能源结构的进一步优化，新能源的比重将不断提升，但在相当长的一段时间内，火力发电仍将是电力供应的主力军。如何提升火电厂的能源利用效率，减少传统火电厂的能源消耗和污染排放，依然是需要关注的重点。汽轮机的节能技术将在这一过程中发挥越来越重要的作用。

通过本书的研究和探讨，希望为火电厂的汽轮机节能运行提供更多的理论依据和技术支持，同时也为相关从业人员提供实际的操作指导。面对能源的挑战和环保的压力，火电厂的节能工作任重而道远，而汽轮机的经济运行与节能技术，必将在未来的电力生产中发挥越来越重要的作用。

参 考 文 献

[1] 王成辉.火电厂汽轮机运行与检修的节能降耗策略分析[J].中国轮胎资源综合利用,2024(12):85-87.

[2] 李世强.火电厂汽轮机组节能改造经济性分析研究[J].现代工业经济和信息化,2023,13(8):322-323.

[3] 徐茂森.火电厂汽轮机运行故障处理技术探讨[J].电力设备管理,2024(3):53-55.

[4] 谢燕雄.火电厂汽轮机组节能降耗方法[J].今日制造与升级,2023(5):141-143.

[5] 刘金涛.火电厂汽轮机组节能提效治理的研究与分析[J].文渊（高中版）,2022(3):1077-1078.

[6] 吴格日勒图.火电厂汽轮机节能降耗措施探讨[J].机械与电子控制工程,2022(10):9.

[7] 邱钰滢,靳兰一.火电厂汽轮机组节能措施研究与应用[J].电子元器件与信息技术,2024,8(6):178-180.

[8] 张麒.火电厂汽轮机驱动给水泵节能研究[J].现代制造技术与装备,2023,59(9):72-74.

[9] 张舒展.火电厂汽轮机驱动给水泵节能研究[J].现代制造技术与装备,2023,59(12):20-22.

[10] 尹政伟.基于热效率优化的火电厂节能技术与减碳措施的综合应用研究[J].现代工业经济和信息化,2024,14(1):172-174.

[11] 辛剑军,林艺龙,陈景东,等.火电厂汽轮机组节能降耗技术分析[J].中国高新科技,2023(16):31-33.

[12] 李世强.火电厂汽轮机组节能改造经济性分析研究[J].现代工业经济和信息化,2023,13(8):322-323,328.

[13] 谢燕雄.火电厂汽轮机组节能降耗方法[J].今日制造与升级,2023(5):141-143.

[14] 马文良,付圣达.火电厂汽轮机的优化运行策略研究[J].现代工业经济和信息化,2022,12(8):200-201,243.

[15] 刘楠,邢海鹏.火电厂锅炉汽轮机系统的节能环保问题及措施[J].海峡科技与产业,2022(1):35,69–71.

[16] 陈伟伟.火电厂汽轮机节能降耗研究[J].现代制造技术与装备,2024,60(4):127–129.

[17] 王永军.火电厂锅炉汽轮机系统节能环保问题与应对措施[J].电力设备管理,2024(5):234–236.

[18] 郭琳.火电厂汽轮机运行问题与应对措施[J].市场调查信息（综合版）,2022(1):182–184.

[19] 潘子博.火电厂汽轮机运行存在的问题与对策[J].科技资讯,2022(19):20.

[20] 刘阳.火电厂汽轮机组节能影响因素及其降耗对策研究[J].中国新通信,2019,21(23):241.

[21] 刘文豪.火电厂汽轮机节能降耗措施探讨[J].能源与节能,2022(3):73–74.

[22] 李英飒.火电厂汽轮机运行问题与应对措施[J].现代工业经济和信息化,2022(8):12.

[23] 杨保青.火电厂汽轮机的优化运行策略[J].电子技术与软件工程,2019(15):205–206.

[24] 王洪沾.火电厂汽轮机运行节能降耗措施的优化[J].中国高新科技,2019(11):98–100.

[25] 何镇威.火电厂汽轮机运行初压优化方法的研究[J].科技资讯,2017,15(18):60–61.

[26] 陈义忠,陈乾.火力发电厂汽轮机驱动给水泵节能分析[J].今日自动化,2022(11):51–53.

[27] 孔令宇.分析火力发电厂汽轮机组的节能减耗方法[J].智库时代,2018(48):149–150.